全国职业培训推荐教材
人力资源和社会保障部教材办公室评审通过
适合于职业技能短期培训使用

# 电冰箱维修基本技能

中国劳动社会保障出版社

图书在版编目(CIP)数据

电冰箱维修基本技能/吴晶主编. —北京：中国劳动社会保障出版社，2008
职业技能短期培训教材
ISBN 978-7-5045-7332-2

Ⅰ.电… Ⅱ.吴… Ⅲ.冰箱-维修 Ⅳ.TM925.210.7

中国版本图书馆 CIP 数据核字(2008)第 167807 号

中国劳动社会保障出版社出版发行
(北京市惠新东街 1 号　邮政编码：100029)
出　版　人：张梦欣

\*

新华书店经销
北京印刷集团有限责任公司印刷二厂印刷　三河市华东印刷装订厂装订
850 毫米×1168 毫米　32 开本　5.125 印张　126 千字
2009 年 1 月第 1 版　2009 年 1 月第 1 次印刷
定价：10.00 元
读者服务部电话：010 - 64929211
发行部电话：010 - 64927085
出版社网址：http://www.class.com.cn

版权专有　　　侵权必究
举报电话：010 - 64954652

# 前言

职业技能培训是提高劳动者知识与技能水平、增强劳动者就业能力的有效措施。职业技能短期培训,能够在短期内使受培训者掌握一门技能,达到上岗要求,顺利实现就业。

为了适应开展职业技能短期培训的需要,促进短期培训向规范化发展,提高培训质量,中国劳动社会保障出版社组织编写了职业技能短期培训系列教材,涉及二产和三产百余种职业(工种)。在组织编写教材的过程中,以相应职业(工种)的国家职业标准和岗位要求为依据,并力求使教材具有以下特点:

短。教材适合15~30天的短期培训,在较短的时间内,让受培训者掌握一种技能,从而实现就业。

薄。教材厚度薄,字数一般在10万字左右。教材中只讲述必要的知识和技能,不详细介绍有关的理论,避免多而全,强调有用和实用,从而将最有效的技能传授给受培训者。

易。内容通俗,图文并茂,容易学习和掌握。教材以技能操作和技能培训为主线,用图文相结合的方式,通过实例,一步步地介绍各项操作技能,便于学习、理解和对照操作。

这套教材适合于各级各类职业学校、职业培训机构在开展职业技能短期培训时使用。欢迎职业学校、培训机构和读者对教材中存在的不足之处提出宝贵意见和建议。

人力资源和社会保障部教材办公室

# 简介

为满足常用家用电器和办公设备的维修培训需求，人力资源和社会保障部教材办公室会同中国劳动社会保障出版社组织编写电器修理短期培训教材，具体包括《电视机维修基本技能》《电冰箱维修基本技能》《空调器维修基本技能》《洗衣机维修基本技能》《厨卫家电使用与维修》《小家电使用与维修》《制冷设备使用与维修》《复印机维修基本技能》《打印机维修基本技能》，共计9本。

《电冰箱维修基本技能》的主要内容包括：电冰箱的基本知识、认识电气元器件、电冰箱常用检修工具及检修基本技能、电冰箱常见故障及其处理方法、电冰箱检修实例等。在本书编写过程中，始终贯彻技能培养为主的思想，强化电气测量、管加工和焊接技术等电冰箱修理基本技能，在此基础上对电冰箱典型故障原因及其处理方法进行了全面分析，重点训练电冰箱制冷系统的清洗、试压、检漏、抽真空、充注制冷剂等基本检修操作，以及压缩机和电冰箱控制回路各元器件的基本检修技能。最后，通过大量电冰箱检修实例进一步训练学员电冰箱修理技能。另外，考虑到培训学员的实际情况，本书没有过深地分析电学基础理论，而侧重电气元器件的作用、判别方法和应用的介绍，为分析电冰箱电路打下基础。

本书由吴晶主编，梁广建、曾昭向参编；杨慕湘主审。

# 目录

**第一单元　电冰箱的基本知识**……………………………（1）

　模块一　电冰箱的分类………………………………………（1）
　模块二　电冰箱的正确使用…………………………………（5）
　模块三　电冰箱的基本构造…………………………………（8）
　模块四　制冷剂、润滑油、硬聚氨酯泡沫塑料……………（21）

**第二单元　认识电气元器件**………………………………（26）

　模块一　电阻器………………………………………………（26）
　模块二　电容器………………………………………………（30）
　模块三　二极管及其应用……………………………………（34）
　模块四　三极管及其应用……………………………………（41）
　模块五　电子电路技能训练…………………………………（48）

**第三单元　电冰箱常用检修工具及检修基本技能**………（50）

　模块一　电冰箱常用检修工具、安全操作规程及
　　　　　检修基本技能………………………………………（50）
　模块二　焊接设备及焊接技术………………………………（74）

**第四单元　电冰箱常见故障及其处理方法**………………（88）

　模块一　典型故障现象及其处理方法………………………（88）
　模块二　制冷系统常见故障及其检修………………………（99）
　模块三　压缩机的检修………………………………………（108）
　模块四　电冰箱控制回路的检修……………………………（110）

**第五单元　电冰箱检修实例**………………………………（126）

# 第一单元 电冰箱的基本知识

本单元主要介绍电冰箱的基本知识,让学员了解电冰箱的分类,学会选用及正确使用电冰箱,掌握电冰箱的组成以及各组成部件在电冰箱的具体位置和所起的作用等。从各种实物或图片中认识这些部件,了解这些部件之间的连接方法,为后面的学习打下基础。

## 模块一 电冰箱的分类

### 一、电冰箱的分类及铭牌认识

电冰箱是一种带有小型制冷装置的冷藏设备,能冷藏食品、药品和生物制品等。电冰箱的种类繁多,主要分类方法有以下几种。

1. 按电冰箱适用的气候分类

按适用的气候分类(国际标准)见表1—1。

表1—1　　电冰箱适用的气候分类(国际标准)

| 气候分类 | 代号 | 适用环境温度(℃) | 隔热层厚度(mm) |
|---|---|---|---|
| 亚温带型 | SN | 10～32 | 20 |
| 温带型 | N | 16～32 | 25 |
| 亚热带型 | ST | 18～38 | 30 |
| 热带型 | T | 18～43 | 40 |

2. 按电冰箱冷冻室的温度分类

按冷冻室的温度分类见表1—2。

表1—2　　　　　电冰箱按冷冻室的温度分类

| 级 别 | 符 号 | 冷冻室温度（℃） | 冷冻室食品储藏期 |
|---|---|---|---|
| 一星级 | * | －6 | 7天 |
| 二星级 | ** | －12 | 1个月 |
| 高二星级 | ** | －15 | 1.8个月 |
| 三星级 | *** | －18 | 3个月 |
| 高三星级 | *** | －18（有速冻功能） | 3个月 |

3. 按化霜方式分类

（1）人工化霜式。它是指人工拔去电源插头，使压缩机停止工作，化霜后再接通电源。

（2）半自动化霜式。一般中档电冰箱采用此化霜方式。在电冰箱温控器上装有化霜按钮，按下除霜按钮，压缩机即停止运行，待冰霜层自行融化后，按钮会自动复位，压缩机又重新开始工作。

（3）全自动化霜式。它是高档电冰箱普遍采用的方式，一般不需要人工化霜，箱内装有电热丝，以间隔定时方式进行自动化霜。

4. 按箱内冷却方式分类

（1）冷气自然对流式（也称直冷式）。直冷式电冰箱是使被蒸发器冷却的空气，以自然对流方式在冰箱内循环换热，如图1—2所示。普通电冰箱多采用该结构，其结构简单，耗电量较小，但要达到箱内温度均匀需较长的时间。

（2）冷气强制循环式（也称间冷式）。间冷式电冰箱一般只有一个蒸发器，靠一个小风扇强制冷气循环，使冷冻室和冷藏室降温。该结构的冰箱箱内空气温度比直冷式下降得快，且温度分布均匀，但结构较复杂。间冷式电冰箱如图1—2所示。

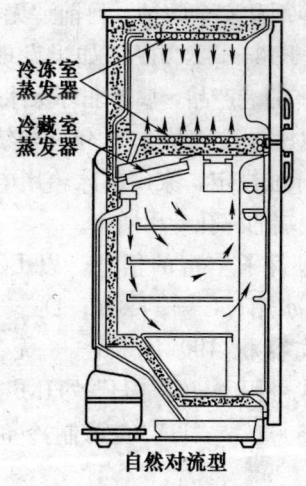 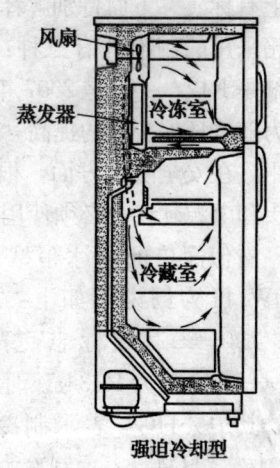

图1—1 直冷式电冰箱　　　图1—2 间冷式电冰箱

5. 按制冷方式分类

按制冷方式可分为压缩式冰箱、吸收式冰箱、半导体式冰箱和电磁冰箱。现在国内外冰箱生产厂家所生产的电冰箱主要是压缩式冰箱，吸收式和半导体式冰箱一般只在特殊情况下使用，本书主要介绍压缩式电冰箱。

6. 按箱门个数和箱内有效容积分类

按箱门可分为单门电冰箱、双门（双温）电冰箱、三门电冰箱、柜式电冰箱等。

在选购电冰箱时，也常以有效容积来划分，有效容积指电冰箱实际可以储藏食品的空间容积，一般冰箱容积为如 75 L、150 L、170 L、180 L、203 L 等。

**二、电冰箱铭牌和常用热力学概念**

1. 电冰箱铭牌

电冰箱铭牌如图1—3所示。人们关心的耗电量、冰冻能力、制冷剂、气候类型、有效容积，使用的电源及安全防护等都在铭牌上有标志。下面特别解释一下制冷剂和安全防护。目前"无氟"冰箱采用的制冷剂有三种：R600a，R134a，R401A，如果发现制冷剂是R12，一定是2007年以前生产的老产品，属于非环保冰箱。因为随着环保要求的提高，含氟的R12制冷剂从2007年开始禁止使用。在安全防护方面，根据国家标准规定，家用电冰箱用电源插头和电源软线，必须使用确有接地端的三孔专用插座。

看似简单的电冰箱型号中也包含了丰富的信息，以BCD-190W/H为例说明如下：B——电冰箱；C——冷藏；D——冷冻；190——有效标志，表示有效容积190 L；W——无霜；H——制冷剂为R134a。环保冰箱代号用"HC""H""HM"表示，其中"HC"表示制冷剂为R600a，"H"表示制冷剂为R134a，"HM"表示制冷为R401A。

| 型号 | BCD-196（无氟） |
|---|---|
| 额定电压 | 220V |
| 额定频率 | 50Hz |
| 输入总功率 | 105W |
| 耗电量 | 0.69kW·h/24h |
| 总有效容积 | 196L |
| 气候类型 | ST |
| 防触电保护类型 | I |
| 制冷剂及装入量 | R134a/92g |
| 冷冻能力 | 4.0kg/24h |
| 质量 | 24kg |

图1—3　电冰箱铭牌

2. 基本热力学概念

(1) 温度。温度是表示物体冷热程度的物理量。温度的标准简称温标。温标分为摄氏温度、华氏温度和绝对温度等，日常生活常用的是摄氏温度。摄氏温度规定：在一个标准大气压下，水结成冰时的温度为0℃,水沸腾时的温度为100℃。在0~100℃之间平均分为100等分,每一等分叫做1℃,用符号$t$表示,单位为℃。判断电冰箱制冷系统故障的时候,要经常用手去感觉电冰箱各部件的温度是否合适。

(2)压力。物理学中,把单位面积上所承受的压力称为压强,工程上也俗称为压力,用符号$p$表示。大气也有压力,称为大气压力,简称大气压,用符号$B$表示。压力的单位及换算关系如下:

①国际单位。在国际单位制中,力的单位是牛[顿](N),面积的单位是平方米($m^2$),压力(压强)单位是帕[斯卡],简称帕,用符号Pa表示。

$$1\ Pa = 1\ N/m^2$$

②工程单位。工程单位是工程技术上常用的单位。如果力的单位用千克力(kgf),面积的单位用平方厘米($cm^2$),则压力的工程单位为千克力/厘米$^2$($kgf/cm^2$)。

$$1\ kgf/cm^2 = 10\ 000\ kgf/m^2$$
$$1\ kgf/cm^2 = 9.8 \times 10^4\ Pa \approx 0.1\ MPa$$

③标准大气压。标准大气压又称物理大气压,是指在地球纬度为45°的海平面上,大气的常年平均压力。其值为760 mmHg,用符号$B$(atm)表示。

$$1\ B\ (atm) = 760\ mmHg = 1.033\ kgf/cm^2$$

维修工作中,常用复合压力表阀测量制冷系统高、低压侧的压力。

## 模块二 电冰箱的正确使用

**一、选购电冰箱的原则**

选购电冰箱时,除考虑容积、质量、外形、噪声等因素外,

还应该注意冰箱的耗电量和制冷性能,可按下列方式选择:

**1. 电冰箱容积的选择**

一般来说,每人需拥有冰箱容积约为 30~40 L,四口之家以 150~170 L 为宜,电冰箱容积大,耗电量也要大些。

**2. 检查电冰箱外观**

电冰箱的外壳表面应平整、无漆裂、砂眼、碰撞痕迹。门封条应严密平直,并黏合紧密。门动作时不应听到"吱吱"声,门关闭后,箱内照明灯应熄灭。冰箱内壁应无破裂及隆起等工艺问题。冰箱附件要齐全,箱内积水盘和搁架拿取应灵活,放置应牢固。

**3. 电冰箱工作性能的检查**

冰箱运转后,经 3~5 min,用手摸冷凝器(若是内藏冷凝器式电冰箱,则用手摸箱体外壳),若冷凝器热得快且均匀,则该电冰箱效率高。电冰箱运行时,噪声不应超过 52 dB (A),不能有异常噪声。电冰箱启动后,不应有漏电(包括感应电)现象。

在以上基本原则基础上,用户可根据厨房的整体装修风格和喜好选择冰箱的外观,选择性价比好的、适合的冰箱。此外,好的冰箱其细节设计考虑得十分周到,包括冷藏室和冷冻室的大小,是左开门还是右开门,脚轮、制冷盒、隔板、饮料架的设计还要考虑其实用性。近些年,电冰箱的个性化设计越来越多,用户也可根据自己的需求进一步选择细节设计更合理的电冰箱。

**二、电冰箱的使用**

**1. 电冰箱的合理安置**

(1)电冰箱应放置在房间内通风良好和干燥的地方,且周围无热源,应避免阳光直晒。通风好坏直接影响电冰箱的散热、制冷能力和耗电量。因此,冷凝器侧距离墙壁不应少于 10 cm,箱顶面至少要留有 30 cm 的空间,左右侧边也应尽可能留出 10 cm 以上的间隙。注意,电冰箱若长期处于潮湿环境中,会影响电气元件的绝缘能力,将缩短冰箱的工作年限。

(2)电冰箱应放置在平整坚实的地面上,不能歪斜或架空,可用电冰箱底座附装的可调螺栓调整,不能用电冰箱的包装塑料泡沫垫在其底部。

2. 电冰箱电源线的连接方法及注意事项

电冰箱用电是否正确合理,不仅直接影响电冰箱本身的使用寿命,还会影响用户的使用安全。所以电冰箱在安装和使用过程中,首先要考虑到用电的安全,对于电冰箱的电路安装,一般应满足下面几个方面的要求。

(1)家用电冰箱在接通电源前,用万用表检查电源电压是否符合电冰箱所要求的电压,同时电源电压要稳定。如果当地电压有较大的波动(通常是低于电冰箱规定的使用电压),要停止使用电冰箱或配备一个稳压器方可继续使用,否则将会引起制冷压缩机烧毁的事故。从维修经验来看,部分新电冰箱返修往往是由于电压低烧毁压缩机而造成的。

(2)电冰箱使用时,应有单独的电源线路和专用插座,即不能与其他电器共用一个插座。因为电冰箱压缩机的启动电流较大,而且频繁地启动,尤其是在用电高峰时,电压偏低,会引起电冰箱内压缩机无法启动。另一方面,共用线路会严重地影响接在同一线路上的其他家用电器的正常使用,如电视机会出现图像抖动,亮度时明时暗;录音机的转速变化产生变音等。

(3)接地保护问题。我国民用供电系统一般采用三相四线制,即电源中线接地。为避免接地不良,要求电源进入每个建筑物时重复接地一次。为防止电冰箱电气绝缘零部件的损坏,要求电冰箱的金属外壳必须有可靠的接地,一旦发生绝缘故障时,漏电流可以直接流入地下,而不会危及操作者。目前,市场上销售的电冰箱电源线插头有两种形式,一种是两插脚,即接入插座的相线和中线上,此时最好在电冰箱外壳上加装一条接地线。另一种是带三插脚的插头,正常使用时是插入有相线、中线及地线的插座中。新型建筑物的电源布线都有这三条线,如果没有地线最好加上一条,作为家庭安全接地的保护线。如在高层建筑中加装地线太复杂,可在电源进线上加装漏电保护开关,当发生触电及漏电事故时,开关能自行断开。漏电开关的动作电流要选择15~30 mA,过大则不起作用,过小则可能频繁动作。

## 模块三 电冰箱的基本构造

### 一、电冰箱的工作原理

图1—4所示为双门电冰箱实物图。蒸气压缩式电冰箱由制冷系统、电控系统和箱体及附件等三部分组成。图1—5所示为电冰箱制冷系统组成。

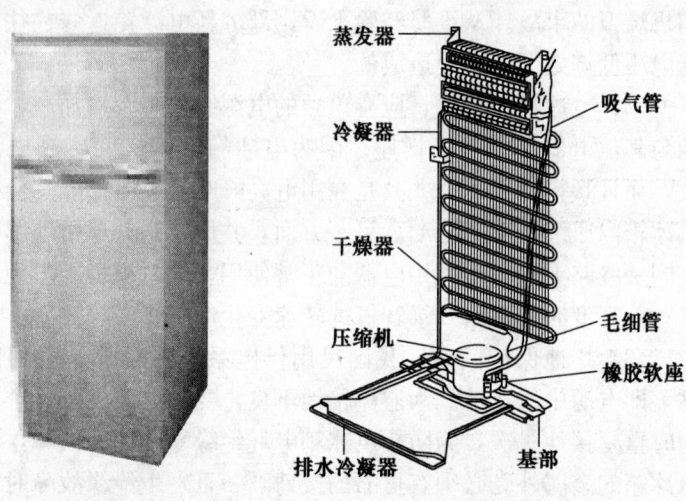

图1—4 双门电冰箱实物图　　图1—5 电冰箱制冷系统组成

电冰箱的工作原理如下:当常温液态制冷剂被毛细管节流,制冷剂由液态变为气态的过程中吸收了冰箱内空间的热量,蒸发器表面逐渐结霜，箱内温度渐渐下降；已蒸发吸热后的制冷剂蒸汽被运转的压缩机吸回，经压缩机压缩后成为高压力、高温度蒸汽，再排入冷凝器中将热量散发到空气中而液化；通过干燥过滤器滤除可能携带的污垢或水分，又经毛细管节流降压。制冷剂在由液态变为气态的过程中吸收了冰箱内空间的热量，蒸发器表面逐渐地结霜，箱内温度渐渐下降。依次连续循环制冷，所以制冷循环可以简述为：蒸发—压缩—冷凝—节流等四个过程。

### 二、电冰箱的组成

1. 箱体

电冰箱的箱体分有箱体外壳、箱体内胆和绝热层，如图1—6所示。

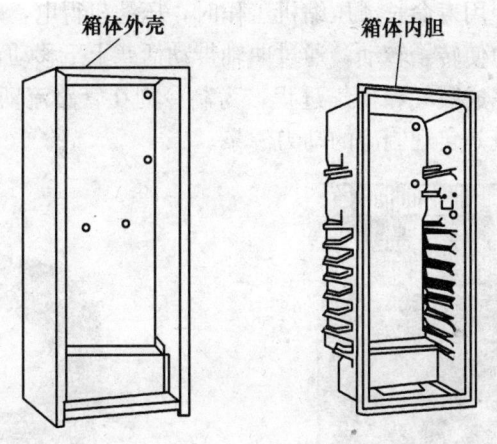

图1—6 电冰箱的箱体及内胆

箱体外壳一般用薄钢板弯折成形，经过点焊组装后进行表面处理。箱体内胆多为ABS工程塑料板真空吸塑成型。绝热层处于外壳与内胆之间，通常采用聚氨酯泡沫塑料。

鉴于以上特性，维修电冰箱制冷系统需要焊接管路时，绝热层遇高温会融化，所以，必须注意焊接时间应尽可能短，并且做好隔热措施,以避免烧坏隔热层,造成漏冷故障。

2. 制冷系统

制冷系统由压缩机、蒸发器、冷凝器、干燥过滤器、毛细管等组成。整个制冷系统由管道把各大部件用焊接方法连接而成,形成一个密封循环回路。所以,封闭导通是制冷系统的基本特性,管路与各大部件之间是导通的,与外界是封闭的,从而保证制冷剂在管路内循环。

(1)压缩机。压缩机是电冰箱的"心脏"部件,通常安装在冰箱后侧的下部。图1—7所示为压缩机的位置。它是把压缩机和电动机封闭在一个外壳内(图1—8所示为压缩机内的电动机绕组),以防止制冷剂的泄漏,并能减少噪声,其结构紧凑,运转平稳,使用寿命长。压缩机工作时,压缩机得电,电动机绕组产生磁场力使转子转动,通过曲轴带动活塞上下移动,从而让汽缸的阀片完成吸气和排气过程,为制冷剂在管路流动提供动力,所以压缩机是实现制冷的动力源泉。

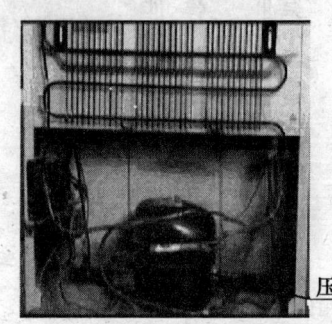

图1—7 压缩机的位置　　图1—8 压缩机内的电动机绕组

(2)蒸发器。蒸发器是冰箱内的冷热交换装置,在蒸发器内制冷剂由液态吸热变为气态,其实物如图1—9所示。

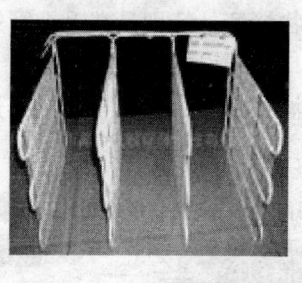

图 1—9　各种蒸发器实物图

（3）冷凝器。冷凝器的作用是冷却制冷剂，在一定压力下，制冷剂随着热量的放出，由气态转化为液态。300 L 容积以下电冰箱冷凝器的冷却方式是自然对流冷却；300 L 容积以上采用强制对流冷却，图 1—10 所示为冷凝器实物图。

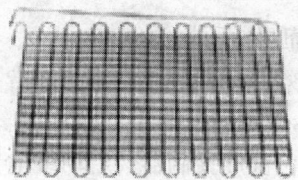 

图 1—10　冷凝器实物图

（4）干燥过滤器。在电冰箱的制造过程中，管路系统虽然经过清洗、干燥、焊接和真空处理，但管路中仍存有微量水分，而且制冷剂和冷冻机油中也存有微量水分。水分和其他杂质将会在管路里发生冰堵或污物堵塞,特别是在毛细管处容易出现堵塞故障,所以在毛细管进口处须设置干燥过滤器。干燥过滤器内装有过滤网和分子筛,能滤去杂质、污物和微量水分。干燥过滤器的结构和实物如图1—11所示。

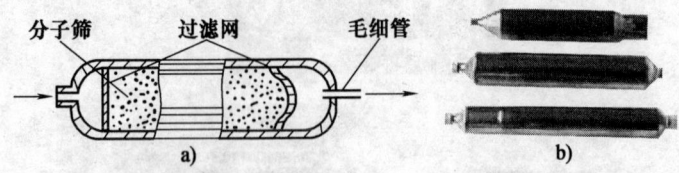

图1—11 干燥过滤器结构和实物
a) 结构 b) 实物

(5) 毛细管。毛细管是制冷系统的节流装置,如图1—12所示。它将从冷凝器流出的高压制冷剂液体减压、节流后供给蒸发器。节流元件的作用是:

1) 将高温高压液体制冷剂变为低温低压液体,为制冷剂在蒸发器内沸腾提供条件。

2) 根据热负荷的变化调节制冷剂流量。

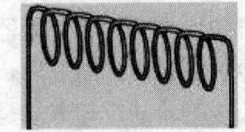

图1—12 毛细管实物图

3) 控制蒸发器出口处制冷剂蒸气的过热度,发挥蒸发器的换热效率,并防止产生"液击"。

3. 电气控制系统元器件及其位置

电冰箱的电气控制系统一般由温度控制器、启动继电器、热保护器及除霜装置等构成。图1—13所示为采用启动继电器控制回路的基本接线图。当电源接通时、电流经插头一端→温控器→过载保护器→压缩机与起动器进入插头另一端,压缩机通电运转。箱内照明灯由门开关控制。

(1) 温度控制器及其位置。如图1—14所示,电冰箱中常用的温度控制器为温感压力式温度控制器,感温管安装在蒸发器的

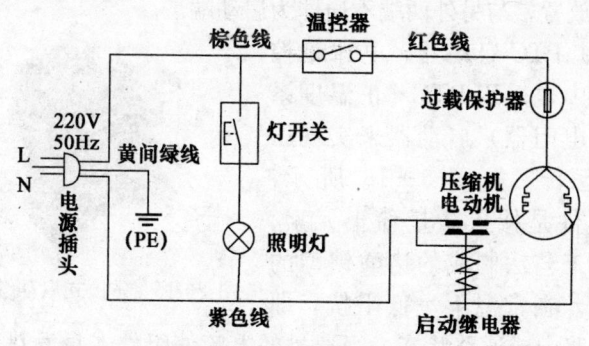

图1—13 采用启动继电器控制回路基本接线图

出口处。一般情况下,如果冷藏室的温度低于0℃压缩机仍不停止工作,或高于10℃压缩机仍不启动,说明温度控制器发生故障。

图1—14 温控器及其位置

(2)重锤式启动继电器。如图1—15所示,重锤启动器一共有3个外接端子,即电源端子、运转端子和启动端子,区别如下:从外观上看,与继电器线圈连接的外插件是电源端子,而与线圈另一端相连的即为运转端子,另一端子则为启动端子。启动端子、运转端子也可用万用表判别,用万用表测量时将重锤启动器垂直放置，与另外两端不通即为启动端子。

(3) PTC 启动器。电冰箱控制回路中也采用 PTC（正温度系数热敏电阻器）启动器来实现压缩机运转。如图 1—16 所示，PTC 组件是掺入微量稀土元素、用陶瓷工艺法制成的铬酸钡型的半导体。在常温下呈低阻抗，即

图 1—15　重锤式启动继电器

接在电路中成通路状态，当通过的电流使组件本身发热后，阻抗急剧上升，呈断路状态。PTC 启动器有 4 个接线端子，同侧相通，中间是 PTC 组件。PTC 启动器随外接电源的位置不同与压缩机相连的端子也随之改变。电冰箱常用 PTC 启动器阻值为 12 Ω、22 Ω、33 Ω。由于各种压缩机性能不同，电路也不同，不同型号的压缩机应选用合适的 PTC 启动器和重锤启动继电器。在使用 PTC 启动器时，要注意防潮湿，以免破裂失效，且不要超过所允许的最高工作电压。使用 PTC 启动器停止后再次开机的时间间隔必须大于 3～5 min，否则极易烧毁压缩机的运行绕组。

(4) 过载保护器。如图 1—17 所示，碟形过载保护器是过电流和过热保护器的统称，是压缩机电动机的安全保护装置。当压缩机负荷过大或发生某些故障，电源电压过低、过高而不能正常启动时，都会引起电动机电流增大。如果电流超过允许范围，就会使热保护器的电热丝升温，烧烤碟形双金属片，使它反方向变形，此时触点离开，从而断开电源，保护电动机不被烧毁。当制冷系统发生制冷剂泄漏时，压缩机即不能停止，这时电动机的电流要比正常运行时低（过电流保护不起作用），但由于回气冷却作用减弱，再加上电动机连续运行，温度反而增高。当电动机温度超过允许范围，过载保护器立即切断电源，使电动机绕组不被烧毁。

图1—16 PTC启动器　　　　图1—17 过载保护器

压缩机、PTC启动器、过载保护器的位置如图1—18所示。

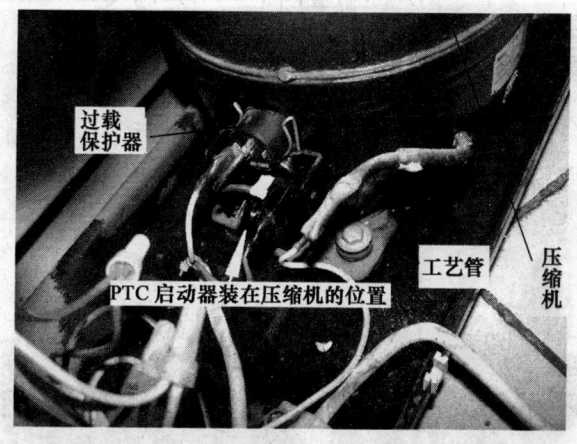

图1—18 压缩机、PTC启动器、过载保护器的位置

(5) 除霜定时器。除霜定时器的结构和位置如图1—19所示。它的功能是定时控制除霜电热器工作。

(6) 双金属恒温器。它又称双金属开关，它与除霜定时器配合进行自动除霜。其内部的双金属片随温度的变化而产生变形，使触点自动接通和断开，触点在常温8℃以上呈断开状态，—5℃以下呈接通状态。电冰箱正常制冷的时候，双金属恒温器

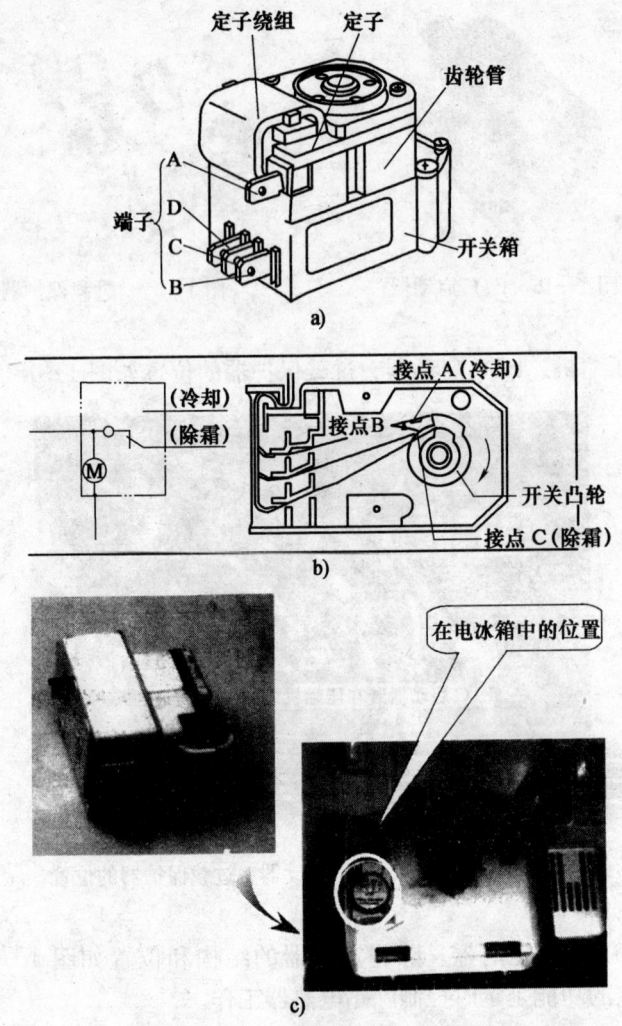

图 1—19 除霜定时器结构和位置
a) 除霜定时器的各部分名称  b) 除霜定时器的内部结构
c) 除霜定时器在电冰箱中的位置

触点开始接通。在除霜过程,当蒸发器升高到8℃时,触点断开,切断化霜电源,使除霜加热器停止工作。图1—20所示为双金属恒温器结构图和其在电冰箱中的位置。

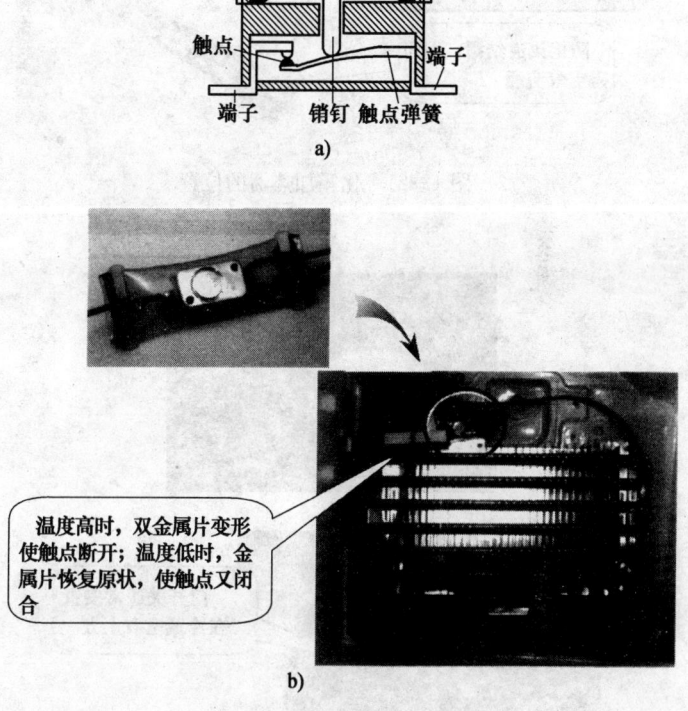

图1—20 双金属恒温器结构和位置
a) 化霜定时器的外部结构图　b) 化霜定时器的内部结构图

(7) 化霜加热器的位置,如图1—21所示。
(8) 门开关实物和位置,如图1—22所示。
(9) 照明灯的位置,如图1—23所示。

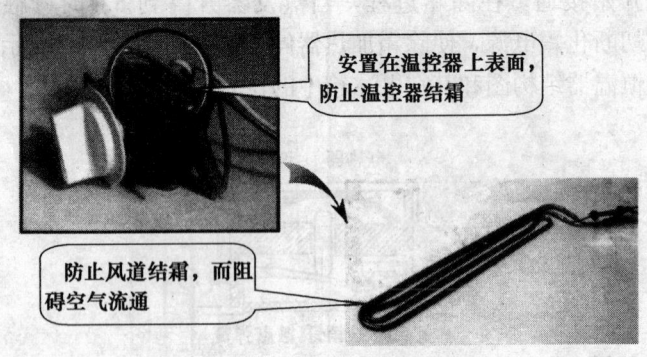

安置在温控器上表面，防止温控器结霜

防止风道结霜，而阻碍空气流通

图1—21 化霜加热器的位置

门开关通常安置在冷藏室右上方

图1—22 门开关实物和位置

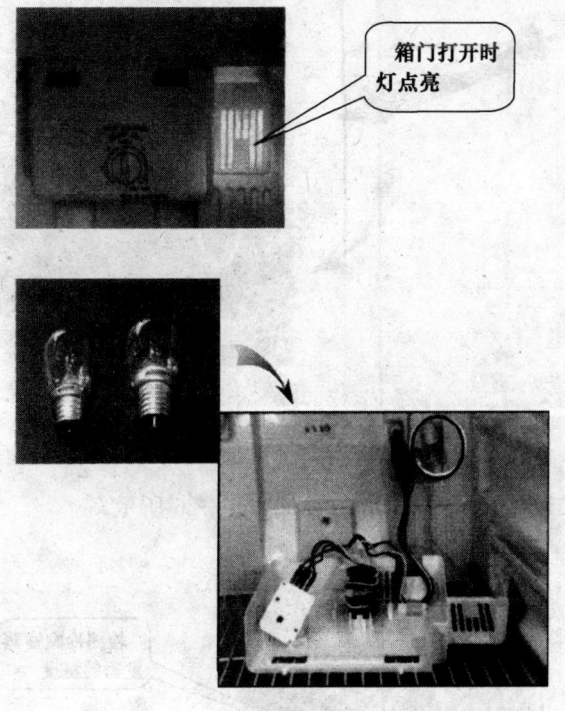

图 1—23 照明灯的位置

(10) 超热熔丝，管的结构如图 1—24 所示，超热熔丝管的位置如图 1—25 所示。

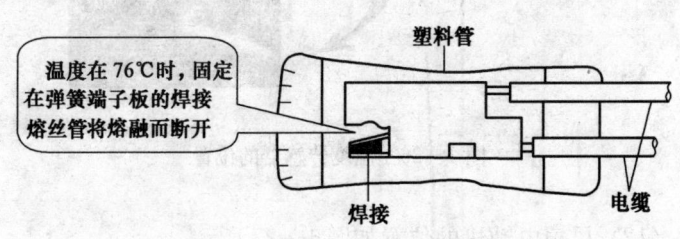

图 1—24 超热熔丝管的结构

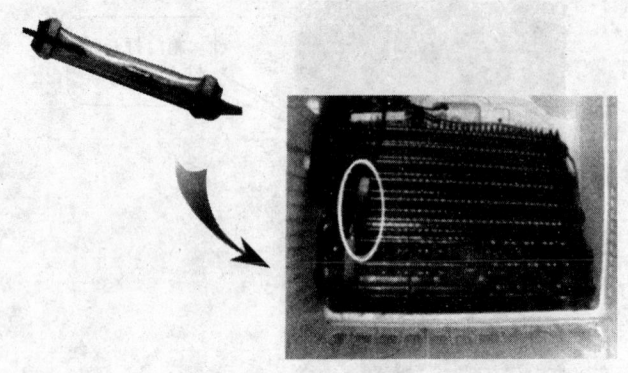

图1—25　超热熔丝管的位置

(11) 温度传感器的位置如图1—26所示。

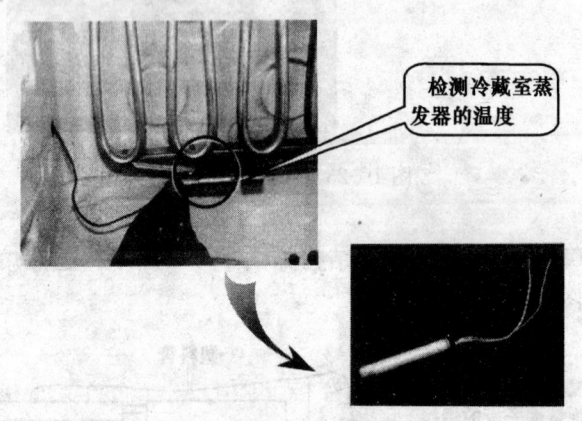

图1—26　温度传感器的位置

(12) 风扇电动机的位置如图1—27所示。

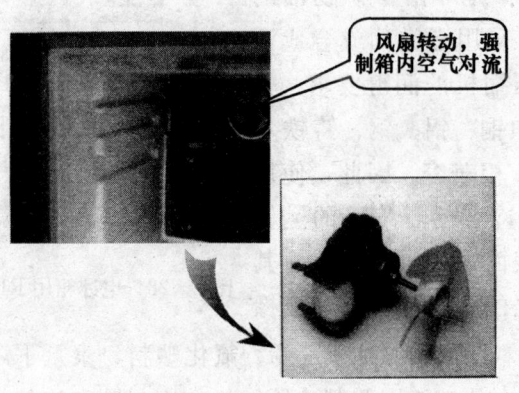

图 1—27 风扇电动机的位置

## 模块四　制冷剂、润滑油、硬聚氨酯泡沫塑料

**一、电冰箱用制冷剂**

1. 电冰箱制冷剂的基本特性

遵照 1992 年 1 月召开的第四届蒙特利尔协议书缔约国会议逐渐废除计划，我国电冰箱生产厂家已经将过去作为冰箱制冷剂、隔热材料的"特定氟利昂"R12、R502、R11 逐渐用新型无公害的制冷剂替代。

如图 1—28 所示，R134a 是一种新型无公害的制冷剂，为 R12 的替代品，是目前常用制冷剂。在常温下 R134a 无色，不易燃，没有可测量的闪点，且对皮肤、眼睛无刺激，不会引起皮肤过敏，但有轻微醚类气味，在暴露时会产生轻微毒性，故工作场所每天 8 h 吸入量不应超过 $1\,000\times10^{-6}$。

R134a 是非溶于矿物油的制冷剂,采用脂类油或合成油来满足压缩机的润滑要求。常用金属如铜、铝、钢、铸铁均与 R134a 相兼容。因此,使用 R134a 制冷剂的压缩机的运转部件的表面需进行处理,使其具有较强的抗磨损性。合成橡

图 1—28　电冰箱用 R134a 制冷剂

胶和塑料(PVC、尼龙聚乙烯、氟化塑料、聚氟丁烯)大都不受 R134a 的影响,因此制冷压缩机的密封圈和连接管一般采用氢化丁腈橡胶等材料替代原来的丁腈橡胶,电动机绕组的绝缘漆膜采用改进材料,具有抗氟性能。

R134a 中的含水量不得超过 $20\times10^{-6}$,故制冷剂要保证绝对干燥。R134a 分子极小,其渗透性强,从而对密封材料的选用及系统的气密性提出了更高的要求。虽然 R134a 冰箱与 R12 冰箱的系统组成基本相同,但由于 R134a 与 R12 的性质不同,所以维修 R134a 冰箱的过程中,其使用的工具如真空泵、表组(双表阀)、连接软管、充注设备必须专用。

2. 制冷剂使用注意事项

制冷剂属于化学制品,在一般温度下呈气态。有些制冷剂还有可燃性、毒性、爆炸性等,所以在保管、运输、使用过程中必须注意安全,以防止造成人身事故和财产损失。制冷剂在保管、运输、使用过程中必须做到:

(1) 盛放制冷剂的钢瓶必须经过严格检验,确保能承受规定的压力,使用前必须经干燥和真空处理。

(2) 各种制冷剂钢瓶应标有明显的品名、数量及质量合格卡,以防错用。

(3) 制冷剂钢瓶应放在阴凉处，防止高温和太阳直晒。在搬动和使用时应轻拿轻放，禁止敲击，以防发生爆炸。

(4) 保存制冷剂的钢瓶阀门处不允许有泄露现象，否则会造成经济损失和污染环境。

(5) 分装和充注制冷剂时，环境的空气必须畅通，操作时要戴手套、眼镜、以防制冷剂喷出造成人身冻伤。在室内操作时若发生泄露，应立即设法通风，防止人员中毒。

(6) 制冷剂使用后，应立即关闭阀门，重新装上瓶帽或铁罩加以保护。

(7) 检修系统时，如果需要从系统中将制冷剂抽出压入钢瓶，钢瓶必须得到充分的冷却，并严格控制注入量，绝不能装满（一般按规定应小于钢瓶总容积的 90％），使其在常温下有一定的膨胀余地，避免发生爆炸事故。

## 二、电冰箱用润滑油

1. 润滑油的作用

图 1—29 所示为电冰箱用润滑油。润滑油在电冰箱压缩机中的作用是：对各运动部件，如曲轴、连杆、轴承、活塞、汽缸壁等进行润滑，以保证压缩机平稳工作，减少磨损，通常把制冷压缩机用的润滑油称为冷冻油。电冰箱一般选用 HD18 冷冻机油，它是一种深度精制的专用润滑油。在电冰箱维修中、要防止润滑油中的水分和杂质侵入。

图 1—29  电冰箱用润滑油

2. 润滑油使用注意事项

(1) 降低润滑油储存温度。应将油料放置在阴凉、室内温度较低的地方，防止阳光暴晒。

(2) 减少与空气接触。装放润滑油的容器一定要加盖拧紧，油料尽量装满容器并卧放在垫木上。

(3) 防止润滑油污染变质。盛装润滑油的容器最好是专用的，不要与其他油料工具和容器相混。

润滑油的判别借助润滑油色度样板，如图1—30所示。

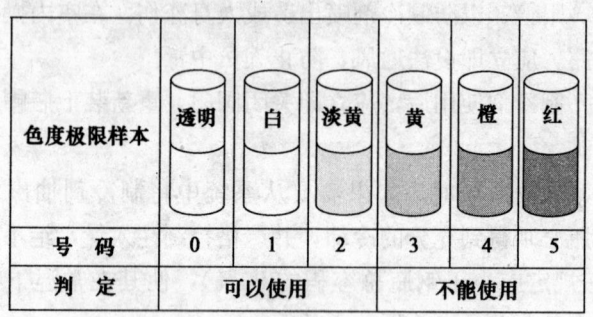

图1—30 判断润滑油的色度样板

3. 润滑油的灌油量参考

全封闭压缩机由于没有视油镜，故难以判断其内部是否缺油，所以一般在修理时倒出原冷冻油后，重新灌油时再多加10%。如果压缩机未进行大修，在系统抽真空以后，在工艺管处吸加冷冻油。表1—4给出了压缩机灌油量的参考值。

表1—4　　　　压缩机灌油量的参考值

| 压缩机功率 | HP | 0.16 | 0.25 | 0.50 | 0.75 | 1.0 | 1.5 | 2.0 | 3.0 |
|---|---|---|---|---|---|---|---|---|---|
|  | W | 122 | 183 | 367 | 551 | 735 | 1 102 | 1 407 | 2 205 |
| 油量 | L | 0.20 | 0.35 | 0.50 | 0.75 | 1.5 | 2.0 | 2.0 | 2.5 |

注：HP——公制马力（匹），1 HP=735.5 W。

### 三、电冰箱用硬聚氨酯泡沫塑料

如图 1—31 所示,电冰箱用硬聚氨酯泡沫塑料的主要作用是绝热,保证冷量不传递到外界。

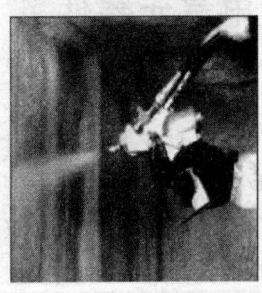 

图 1—31　电冰箱用硬聚氨酯泡沫塑料

# 第二单元　认识电气元器件

本单元主要介绍各种基础、常用的电气元器件,通过了解各元器件的型号、作用、运用场合以及在各电路中的符号表示方式等,掌握各种电气元器件的性能,为诊断电气元器件的故障奠定基础。

## 模块一　电阻器

**一、电阻器的作用**

电阻器通常简称为电阻,是一种最基本、最常用的电子元件,也是一个耗能元件,电流经过它就产生热能。电阻在电路中通常起分流分压的作用,在信号回路中,交流和直流都可以通过电阻。

**二、电阻器的分类**

电阻器的种类很多,这里仅根据实际使用情况作简单的分类:

(1) 按电阻器阻值是否可以调整分为固定电阻器和可变电阻器两种。

(2) 按制造电阻器的材料和结构不同又分为碳膜电阻器、金属膜电阻器、有机实心电阻器、线绕电阻器、固定抽头电阻器、可变电阻器、滑线式变阻器和片状电阻器等,其实物如图2—1所示。

电冰箱电子控制板中常用碳膜或金属膜电阻器。碳膜电阻器

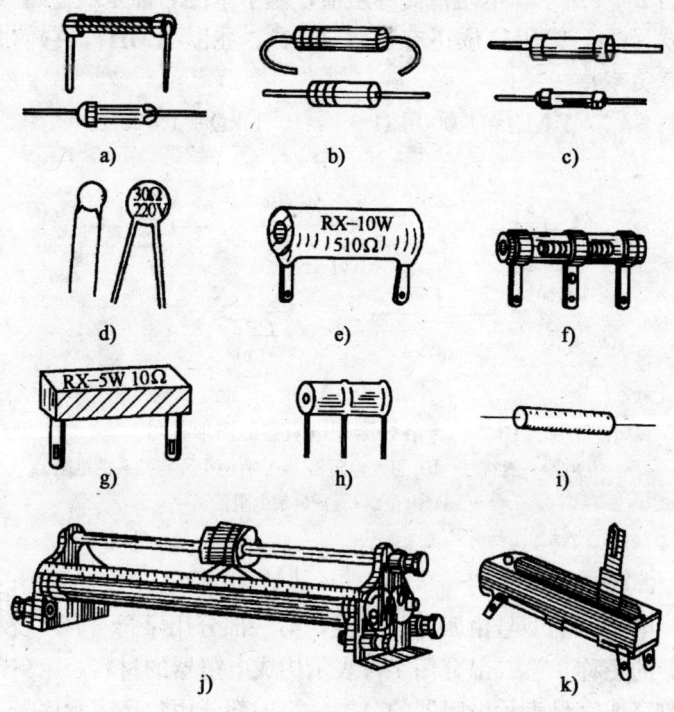

图 2—1 电阻器
a) 碳膜电阻器 b) 碳质电阻器 c) 金属膜电阻器
d) 热敏电阻器 e) 线绕电阻器 f) 滑线式变阻器
g) 水泥电阻器 h) 固定抽头电阻器 i) 玻璃釉电阻器
j) 滑线变阻器 k) 直滑式电位器

具有稳定性高、高频特性好、负温度系数小、脉冲负荷稳定及成本低廉等特点。金属膜电阻器具有稳定性高、温度系数小、耐热性能好、噪声小、工作频率范围宽及体积小等特点。

### 三、电阻器的命名方法及其参数

**1. 电阻器的量符号、图形符号和单位**

电阻器的物理量符号为"$R$",各种类型电阻器的图形符号如图 2—2 所示。电阻值简称阻值,基本单位名称是欧[姆],简称欧(Ω)。常用单位还有千欧(kΩ)、兆欧(MΩ),它们之间换算关系是:

$$1\ M\Omega = 1\ 000\ k\Omega \qquad 1\ k\Omega = 1\ 000\ \Omega$$

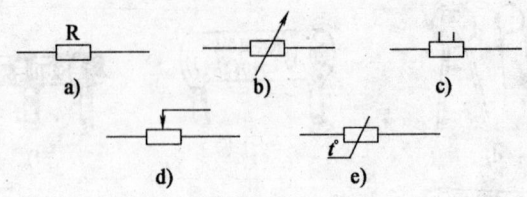

图 2—2　各种类型电阻器的图形符号
a) 电阻器一般符号　b) 可变电阻器　c) 有两个固定抽头的电阻器
d) 电位器　e) 热敏电阻器

## 2. 电阻器的型号

电阻器的型号由四部分组成,第一部分用字母"R"表示电阻器的主称,第二部分用字母表示构成电阻器的材料,第三部分用数字或字母表示电阻器的分类,第四部分用数字表示序号,如图 2—3 所示。

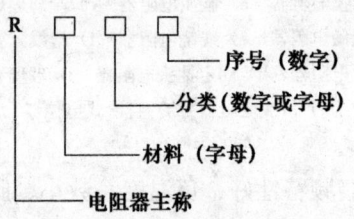

图 2—3　电阻器的型号命名

电阻器型号的意义见表 2—1。

表 2—1　　　　　　　　电阻器型号的意义

| 第一部分 | 第二部分（材料） | 第三部分（分类） | 第四部分 |
|---|---|---|---|
| R | H 合成碳膜 | 1 普通 | 序　号 |
|  | I 玻璃釉膜 | 2 普通 |  |
|  | J 金属膜 | 3 超高频 |  |
|  | N 无机实心 | 4 高阻 |  |
|  | G 沉积膜 | 5 高温 |  |
|  | S 有机实心 | 7 精密 |  |
|  | T 碳膜 | 8 高压 |  |
|  | X 线绕 | 9 特殊 |  |
|  | Y 氧化膜 | G 高功率 |  |
|  | F 复合膜 | T 可调 |  |

例如，型号 RT11 表示普通碳膜电阻器；型号 RJ71 表示精密金属膜电阻器。

3. 色环电阻的辨别

色环电阻就是将阻值以色环的形式表示的电阻，色环有棕、红、橙、黄、绿、蓝、紫、灰、白、黑、金、银几种颜色。其中金、银两色表示误差值。一般我国生产的电阻都是用数字直接标注电阻值，读取阻值非常方便，但为了与国际接轨，现在很多的电阻都是以色环标注电阻值。色环表示法有两种形式，一种是四道色环表示法，另一种是五道色环表示法。

(1) 四道色环。第 1、2 色环表示阻值的第一、第二位有效数字，第 3 色环表示两位数字再乘以 10 的 $n$ 次方，第 4 色环表示阻值的误差。

(2) 五道色环。第 1、2、3 位色环表示阻值的 3 位数字，第 4 色环表示 3 位数字再乘以 10 的 $n$ 次方，第 5 色环表示阻值的误差。其外形如图 2—4 所示，各色环所代表的数字见表 2—2。

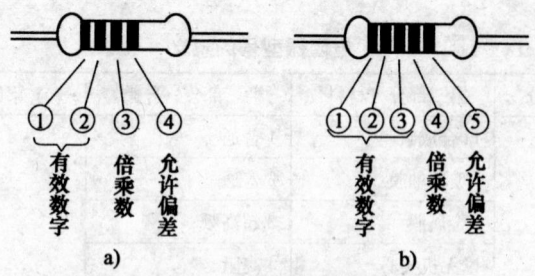

图 2—4 电阻器的色环表示法
a) 4 环电阻器  b) 5 环电阻器

表 2—2　　　　色环上的颜色代表的阻值大小

| 颜色 | 棕 | 红 | 黄 | 绿 | 蓝 | 紫 | 灰 | 白 | 黑 | 金 | 银 |
|---|---|---|---|---|---|---|---|---|---|---|---|
| 有效数字 | 1 | 2 | 3 | 4 | 5 | 6 | 7 | 8 | 9 | 0 | 0.1 | 0.01 |
| 乘积 | $10^1$ | $10^2$ | $10^3$ | $10^4$ | $10^5$ | $10^6$ | $10^7$ | $10^8$ | $10^9$ | $10^0$ | $10^{-2}$ | $10^{-1}$ |
| 允许偏差 | ±1% | ±2% | | ±0.5% | ±0.25% | ±1% | ±5%~20% | | | ±5% | ±10% |

例如：一个 4 环电阻，环①是红色，环②是绿色，环③是棕色，环④是金色，那么这个电阻的阻值就是 250 Ω，偏差为 ±5%。

## 模块二　电容器

### 一、电容器的作用和种类

电容器通常称为电容，也是一种最基本、最常用的电子元件。电容器具有隔直流、通交流、通高频、阻低频的特性，在电子技术中有广泛的应用，如在滤波、调谐、耦合、振荡、匹配、延迟、补偿等电路中,是必不可少的电子元件。

电容器分为固定电容器和可调电容器两大类。固定电容器按介质材料不同,又有多种分类,其中无极性固定电容器有纸介电容器、涤纶电容器、云母电容器等。其外形如图2—5所示。

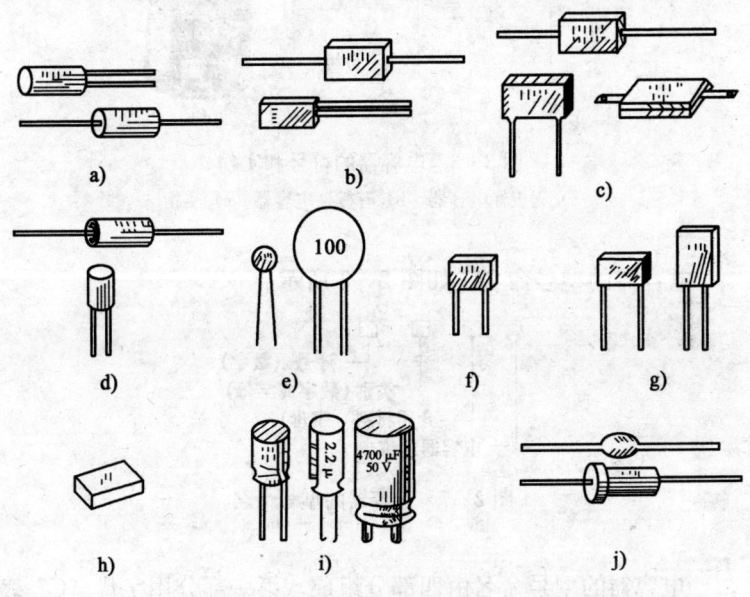

图2—5 电容器
a)金属化纸介电容器 b)涤纶电容器 c)云母电容器
d)聚苯乙烯电容器 e)瓷片电容器 f)独石电容器
g)玻璃釉电容器 h)片状电容器 i)铝极性电容器
j)钽极性电容器

## 二、电容器的命名方法及其参数

电容器的物理量符号为"$C$",图形符号如图2—6所示。电容器储存电荷的能力叫做电容量,单位简称法(F)。由于法拉作单位在实际运用中往往显得太大,所以常用微法($\mu F$)和皮法(pF)作为单位。它们之间的换算关系是:

$1F = 1 \times 10^6 \mu F$  $1F = 1 \times 10^{12} pF$

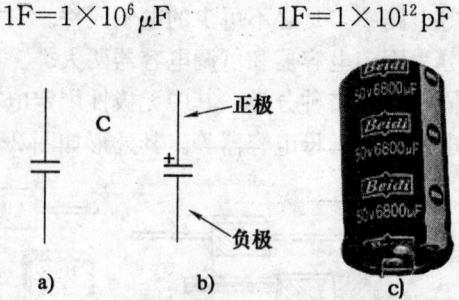

图 2—6 电容器的符号和实物
a) 无极性电容器 b) 有极性电容器 c) 实物

电容器的型号命名，如图 2—7 所示。

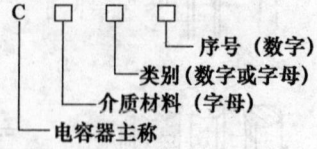

图 2—7 电容器的型号命名

电容器的型号命名由四部分组成，第一部分用字母"C"表示电容器的主称，第二部分用字母表示电容器的介质材料，第三部分用数字或字母表示电容器的类别，第四部分用数字表示序号。

### 三、电容器的好坏判别及其选用

1. 极性电容器的好坏判别

极性电容器又称电解电容性，有"＋""－"极性标志，使用中注意极性不要接错。

用万用表能粗略判别极性电容器的好坏，将万用表置于欧姆挡位，用两个表笔瞬间接通两个引脚，如果指针会偏转一个很大的角度（电容量越大，偏转角度越大，可以将欧姆挡位往大调，以使指针偏转能看得清楚），然后慢慢回到无穷大，说明电容器是好的,如图 2—8 所示。

如果指针没有回到无穷大位置就停止时,说明电容器漏电,如图 2—9 所示。

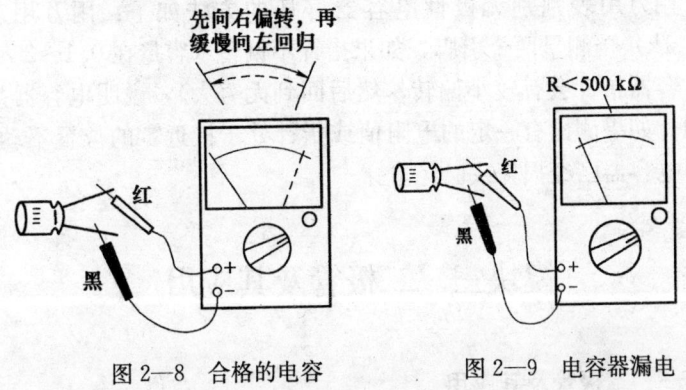

图 2—8 合格的电容　　　图 2—9 电容器漏电

如果指针一直指在刚接通时的位置或指示到接近零的位置不动,说明电容器已击穿或短路,如图 2—10 所示。

如果用万用表测的正、反向万用表指针均不动,则说明电容器断路,如图 2—11 所示。

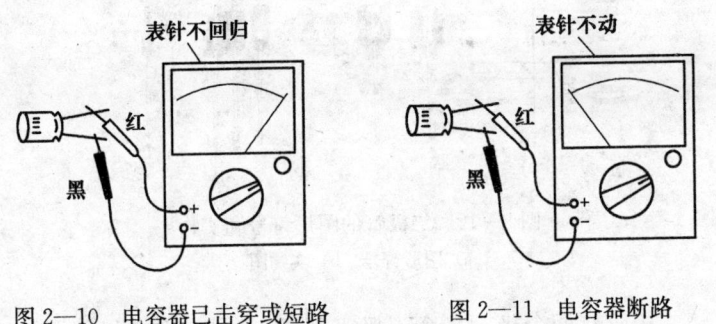

图 2—10 电容器已击穿或短路　　　图 2—11 电容器断路

极性电容器的选用主要看耐压指标,使用中的实际耐压不能超过所标的额定值,一般还要留有 1.5～2 倍的余量。

### 2. 无极性电容器的好坏判别

在电子电路中经常用一些无极性电容器，它们的电容量都较小，通常在 0.1～2 μF；耐压值最大的为 2 kV，最小的为 63 V。

用万用表判别无极性电容器好坏的方法如下：用万用表（R×1k）挡测量两个引脚，如果指针不偏转（容量在 0.1～2 μF 的电容器指针会有较小偏转，然后回到无穷大），说明电容器是好的；如果测出有一定的电阻值或指针处于接近零的位置不动，说明电容器已经损坏或已经击穿。

## 模块三　二极管及其应用

### 一、二极管及其应用

二极管的全称为晶体二极管，其种类较多，在电子电路中的应用广泛。二极管的图形符号和实物，如图 2—12 所示。

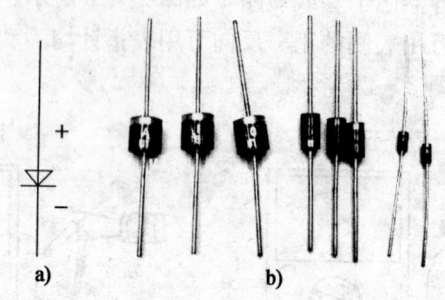

图 2—12　二极管的图形符号和实物
a) 图形符号　b) 实物图

二极管有两个极，一个正极（阳极），另一个负极（阴极）。在正极加正电压，二极管导通，电流可以通过二极管；在正极加负电压，二极管截止，电流不能通过二极管。这就是二极管的单向导电性，这个特性使二极管可用于整流或开关的电路中。

在使用二极管时，必须注意极性不能接错，否则电路不仅不能正常工作，甚至可能烧毁二极管和其他元器件。有的二极管没有任何极性标志，这时可以根据二极管的单向导电性，很方便地用万用表电阻挡来简单判断管子的好坏和管脚的极性。

二、判断二极管管脚极性的方法

1. 判断二极管的极性

用万用表 R×100 挡或 R×1k 挡，测量二极管的正反电阻。如果二极管是好的，总会测得一大一小两个阻值，由于万用表的红表笔接表内电池负极，黑表笔接表内电池正极，而二极管正向偏置时，阻值较小。所以，当测得阻值较小，黑表笔所接的是二极管的正极，如图 2—13 所示。

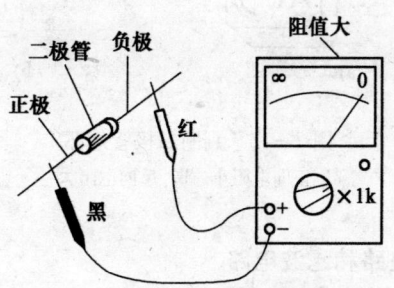

图 2—13 判断二极管管脚极性步骤一

更换红黑表笔，当测得电阻值很大时，红表笔所接是二极管的正极，而黑表笔所接是二极管的负极，如图 2—14 所示。

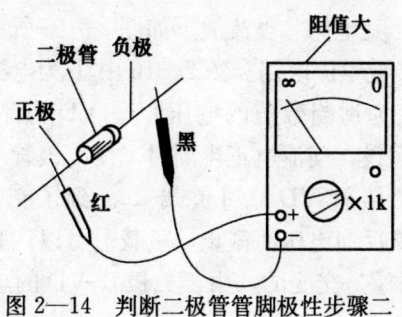

图 2—14 判断二极管管脚极性步骤二

2. 判断二极管好坏

用万用表测量二极管的正反向电阻,如果测得正向电阻为几十到几百欧,反向电阻在 200 kΩ 以上,可以认为二极管是好的;如果测得正反向电阻都是无穷大,则是管子内部短路;如果测得反向电阻很小,则是管子内部短路;如果测得反向电阻比正向电阻大得不太多,则是管子质量不佳,如图 2—15 a、b 所示。

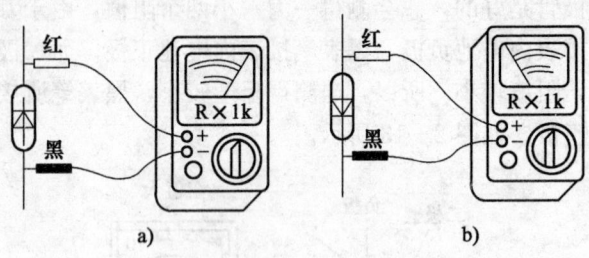

图 2—15 判断二极管好坏
a) 正向电阻小 b) 反向电阻大

### 三、整流电路和滤波电路

1. 整流电路

将交流电变换为直流电的过程叫做整流,进行整流的设备叫做整流器。整流器是利用半导体二极管的单向导电性来将交流变换为直流,常用的整流形式有半波、全波、桥式与三相半波和三相桥式等几种。其电路和整流波形如图 2—16 所示。

(1) 单相半波整流电路。图 2—16 中 T 为电源变压器,它把交流电压 $U_1$ 变为适当数值的电压 $U_2$。VD 为晶体二极管,$R_L$ 为负载电阻。假设在交流电正半周时,使二极管承受正向电压而导通,电流经二极管 VD 流过负载 $R_L$。到了交流电的负半周,二极管 VD 承受反向电压而截止,负载上可以认为没有电流。因此,尽管电压 $U_2$ 是交变的,由于二极管 VD 的单向导电性,流

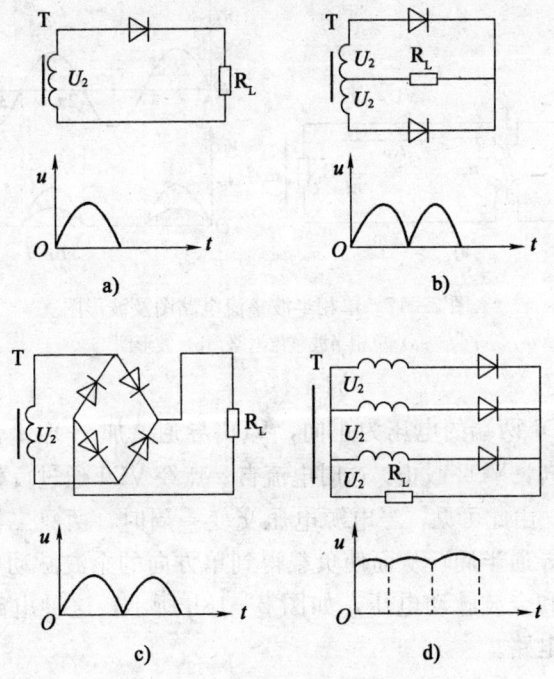

图 2—16 单相半波整流电路
a) 单相半波　b) 单相全波　c) 单相桥式　d) 三相半波

过负载的电流和负载两端的电压都是单方向的。图 2—17 所示是半波整流电路的波形图。这种电路因加在负载上的电压只有电源电压的半个波，故称为半波整流电路。

单相半波整流电路具有电路简单的优点，但是它的直流输出电压低，只适用于对直流电压平滑程度要求不高的小功率整流场合。

(2) 单相全波整流电路。单相全波整流电路如图 2—18a 所示。图中 T 是二次绕组带中心抽头的电源变压器。在交流电正半周内，若电压 $U_{2a}$ 为正，则 $U_{2b}$ 为负，变压器二次绕组加于二

· 37 ·

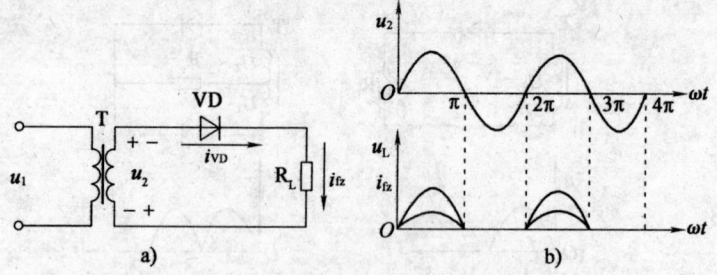

图 2—17 单相半波整流电路图及波形图
a) 单相半波整流电路 b) 波形图

极管 VD1 两端的电压为正向，VD1 导通，加于 VD2 两端的电压为反向，VD2 截止。这时电流自 $a$ 点经 VD1 通过负载 $R_L$ 而返向 $o$ 点。由此可见，当电源电压交变一周时，两只二极管交替地各自导通半周，从而使负载得到单方向的全波脉动电流、全波电流和全波脉动电压，如图 2—18b 所示。这种电路称为全波整流电路。

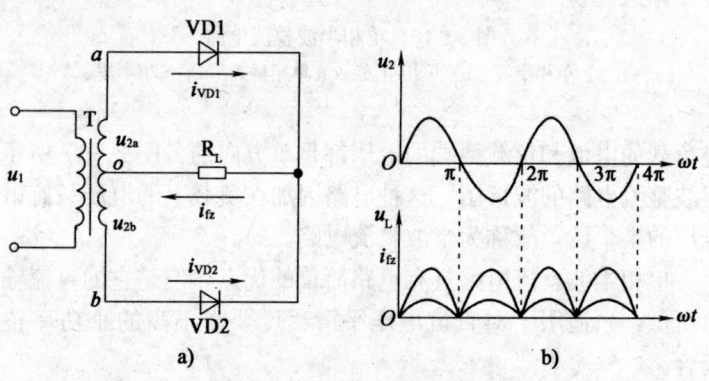

图 2—18 单相全波整流电路
a) 单相全波整流电路 b) 波形图

单相全波整流电路与半波整流相比,具有输出电压高、电流大、脉动度小等优点。但变压器必须带中心抽头,变压器利用率仍然不高,二极管所承受的反向电压也大。

(3)单相桥式整流电路。单相桥式整流电路如图 2—19 所示。电路中 4 只二极管接成电桥形式,所以称为桥式整流电路。这种电路有时画成图 2—20 的简化形式。

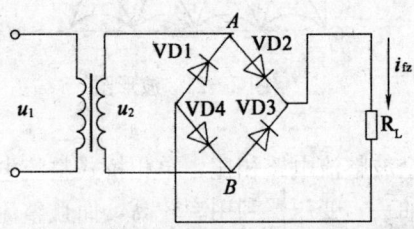

图 2—19 单相桥式整流电路

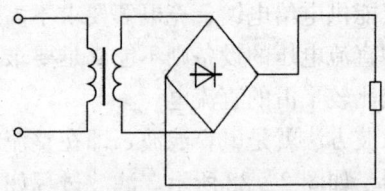

图 2—20 单相桥式整流电路的简化形式

在输入交流电压正半周,即 $A$ 端为正、$B$ 端为负时,二极管 VD2、VD4 正向导通,VD3、VD1 反向截止,流过负载 $R_L$ 的电流方向为由上至下。在交流电压负半周,$A$ 端为负、$B$ 端为正时,二极管 VD3、VD1 正向导通,VD2、VD4 反向截止,流过负载 $R_L$ 的电流方向仍为由上至下。这样,在交流输入电压 $U_2$ 的正负半周,都有同一方向上正下负的电流流过 $R_L$,在负载上得到全波脉动直流电压,如图 2—21 所示。

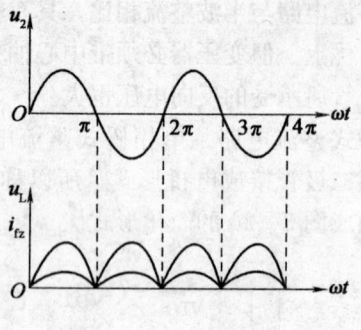

图 2—21 波形图

与单相全波整流电路相比,单相桥式整流电路的优点是变压器无须中心抽头,变压器利用率较高,而且整流二极管的反向电压降低一半,因此它获得了广泛应用。

2. 滤波电路——电容滤波

整流电路输出的脉动直流电中含有较大的交流成分,这种不平稳的直流电仅能供电给电镀、充电等要求不高的设备使用,对需要比较平稳的直流电压的设备则不能满足要求,这就需要将脉动的直流电变成比较平滑的直流电。

最简单的滤波方法就是电容滤波,即在整流电路的负载两端并联一个电容器,如图 2—22 所示。滤波过程如下:当变压器副边电压 $U_2$ 由零向正方向增加时,VD 受正向电压而导通,这时电流分两路:一路流经负载,另一路对电容 C 充电,如图 2—22 所示。

如果忽略二极管的正向压降,电容器两端的充电电压 $u_C$ 等于 $u_2$,当 $u_2$ 由最大值下降时,就会出现 $u_2 < u_C$ 的情况,这时二极管受反向电压而截止,于是电容器就向负载 $R_L$ 放电,使负载在电源的负半周内仍有电流流过,如图 2—23 所示。

因此,负半周内负载两端电压不再为零,图 2—24 中的实线部分表示半波整流滤波后的直流输出波形。

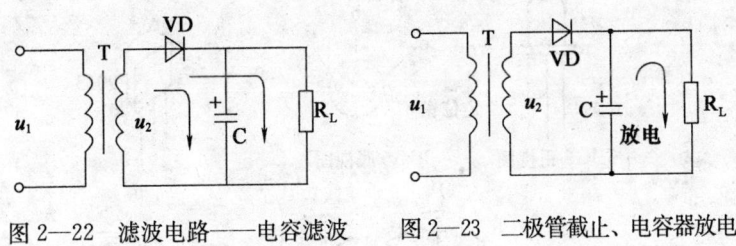

图 2—22　滤波电路——电容滤波　　图 2—23　二极管截止、电容器放电

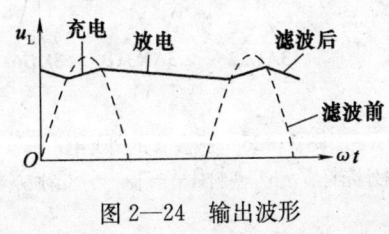

图 2—24　输出波形

电容滤波电路简单，但只适用于负载较小（即负载电阻 $R_L$ 大，负载电流较小）的场合。因为如果负载很大（负载电阻 $R_L$ 小，负载电流大），电容器在二极管截止期通过负载的放电速度加快，即使电容量很大，对波形的改善也不显著。

## 模块四　三极管及其应用

### 一、三极管及其应用

晶体三极管简称三极管，是具有放大作用的半导体器件。它有三个电极，分别称为发射极（用 e 表示）、基极（用 b 表示）、集电极（用 c 表示），几种三极管的外形如图 2—25 所示。

1. 三极管的类型及结构

三极管分为 PNP 和 NPN 两种不同类型，其结构示意与图形符号如图 2—26 所示。

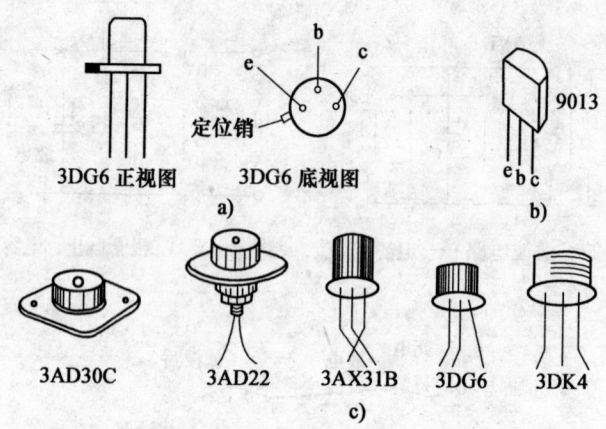

图 2—25 三极管的外形图
a) 金属外壳封装 b) 塑料外壳封装 c) 几种三极管外形

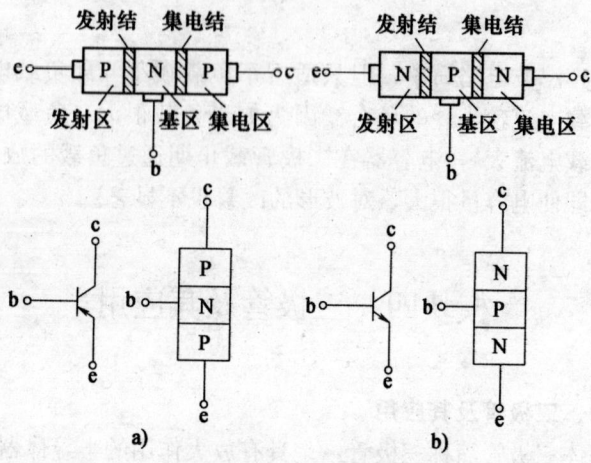

图 2—26 三极管结构示意及图形符号
a) PNP 型 b) NPN 型

2. 三极管的放大功能

要使三极管能正常放大,必须满足**发射结正偏（发射结加正**

向电压),集电极反偏(集电结加反向电压)。NPN、PNP 三极管典型接法及各极电位关系如图 2—27 所示。

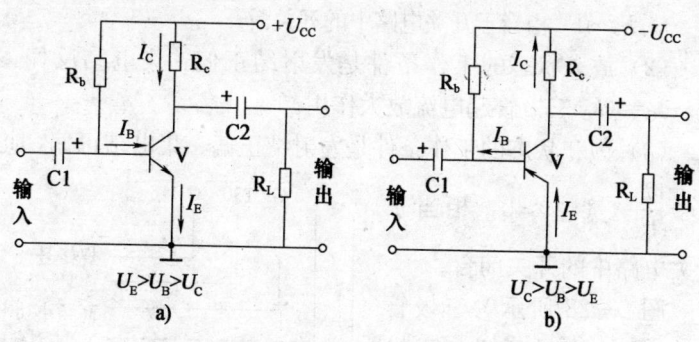

图 2—27　三极管放大电路典型接法
a) NPN 型　b) PNP 型

在图 2—27 所示电路中,$I_B$ 流经的回路称为输入回路;$I_C$ 流经的回路称为输出回路。两个回路的公共端是三极管的发射极 e,所以上述电路称为**共发射极电路**。

三极管各极电流有如下关系:

$$I_E = I_B + I_C$$

$I_C$ 与 $I_B$ 之比称为三极管的共射极直流电流放大系数,用 $h_{FE}$ 表示,即:

$$h_{FE} = \frac{I_C}{I_B}$$

若使 $I_B$ 有一个变化量 $\Delta I_B$,$\Delta I_C$ 也会有一个相应的变化 $\Delta I_C$,$\Delta I_C$ 与 $\Delta I_B$ 之比称为三极管的交流(动态)电流放大系数,用 $\beta$ 表示,即:

$$\beta = \frac{\Delta I_C}{\Delta I_B}$$

**3. 三极管的工作状态**

三极管由于各极所加电压不同,有截止、放大、饱和三种工作状态：

(1) 截止状态的工作条件是发射结反偏、集电结正偏，此时，$I_B=0$，$I_C\approx 0$，相当于开关电路中的**开关断开**。

(2) 放大状态的工作条件是发射结正偏、集电结反偏，此时，$I_C=\beta I_B$ 三极管起电流放大作用。

(3) 饱和状态的工作条件是发射结正偏、集电结正偏，此时 $I_C\approx\dfrac{U_{CC}}{R_C}$，$U_{CE}\approx 0$，相当于开关电路中的**开关闭合**。

图 2—28 所示为三极管 3D130C 的型号意义。三极管型号各组成部分的意义见表 2—3。

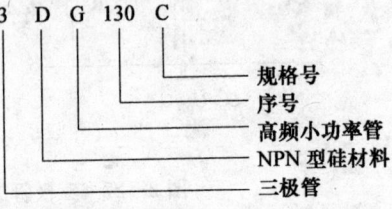

图 2—28 三极管 3D130C 的意义

表 2—3　　三极管型号各组成部分的意义

| 第一部分（数字） | | 第二部分（拼音字母） | | 第三部分（拼音字母） | | | 第四部分（数字） | 第五部分（拼音字母） |
|---|---|---|---|---|---|---|---|---|
| 有效电极数目 | | 材料和极性 | | 类　　型 | | | | |
| 符号 | 意义 | 符号 | 意义 | 符号 | 意义 | 符号 | 意义 | |
| 3 | 三极管 | A | PNP型锗材料 | S | 隧道管 | Y | 体效应器件 | 器件的序号 | 规格差别 |
| | | B | NPN型锗材料 | N | 阻尼管 | B | 雪崩管 | | |
| | | C | PNP型硅材料 | U | 光电器件 | J | 阶跃恢复管 | | |
| | | D | NPN型硅材料 | K | 开关管 | BT | 半导体特殊器件 | | |
| | | E | 化合物材料 | X | 低频小功率管（$f_a<3\text{MHz}$，$P_C<1\text{mW}$） | CS | 场效应管 | | |
| | | | | G | 高频小功率管（$f_a\geqslant 3\text{MHz}$，$P_C\leqslant 1\text{W}$） | FH | 复合管 | | |
| | | | | | | PIN | PIN型管 | | |
| | | | | | | JG | 激光器件 | | |

## 二、判别三极管管脚和型号

如果不知道三极管的型号及管子的端子排列，可以用万用表进行检测判断。

### 1. 判定基极

测试电路如图 2—29 所示。用万用表 R×100 和 R×1k 挡测量三极管三个电极其中两个之间的正、反向电阻值。当用第一根表笔接某一电极，而第二根表笔先后接触另外两个电极均测得低电阻值时，则第一根表笔所接的那个电极即为基极 b。这时，要注意万用表表笔的极性，如果红表笔接的是基极 b，黑表笔分别接在其他两电极时，测得的阻值都较小，则判定被测三极管为 PNP 型管；如果黑表笔接的是基极 b，红表笔分别接触其他两电极时，测得的阻值都较小，则判定被测三极管为 NPN 型管。

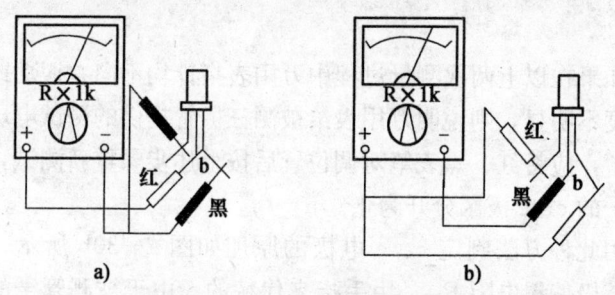

图 2—29 判定三极管基极
a) 测 PNP 型管  b) 测 NPN 型管

### 2. 判定集电极 c 和发射极 e

测试方法如图 2—30 所示。现以 PNP 型三极管为例加以说明。将万用表置于 R×1k 挡，先使被测三极管的基极悬空，万用表的红、黑表笔分别接其余两端子，此时指针应指在无穷大位置。然后用手指同时捏住基极与右边的端子，如果万用表指针向右偏转较明显，则表明右边一端即为集电极 c，左边的端子为发射极 e。如果万用表指针基本不摆动，可改用手指同时捏住基极与左边的端子,若指针向右偏转较明显,则证明左边端子为集电极 c,右边的端子为发射极 e。

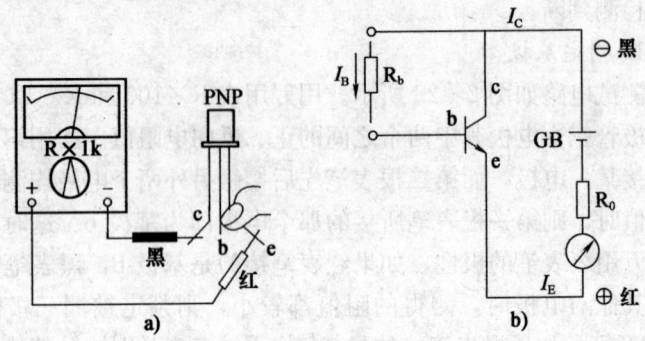

图 2—30　判定三极管 c、e 极
a) 测试方法　b) 检测原理

如果在以上两次测量过程中万用表指针均不向右摆动或摆动的幅度不明显,则说明万用表给被测三极管提供的测试电压极性接反了,应将红、黑表笔对调位置后按上述步骤重新测试,直到将管子的 c、e 极区分开为止。

用此种方法判定 c、e 电极的原理如图 2—30b 所示。在这里,基极偏置电阻 $R_b$ 是用手指来代替的。由于被测管子的集电结上加有反向偏压,发射结加有正向偏压,所以使其处在放大状态,此时电流放大倍数较高,所产生的集电极电流 $I_C$ 使万用表指针明显向右偏转。倘若红、黑表笔接反,就等于工作电压接反,管子也就不能正常工作。此时,放大倍数大大降低,从十几倍降到几倍,甚至为零,因此,万用表指针摆幅极小甚至根本不动。

三、三极管性能参数的估测

三极管的主要性能参数是穿透电流 $I_{ceo}$(即集电极—发射极反向饱和电流)和共射极电流放大系数 $\beta$,它们的估测方法如下。

1. 穿透电流 $I_{ceo}$ 的估测

用万用表电阻量程 R×100 或 R×1k 挡测量集电极与发射极反向电阻,如图 2—31 所示。测得的电阻值越大,说明 $I_{ceo}$ 越小,则三极管稳定性越好。一般硅管比锗管的阻值

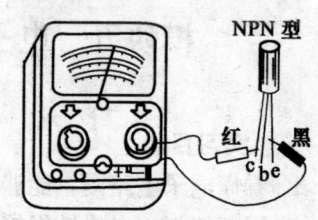

图 2—31 穿透电流 $I_{ceo}$ 的估测

大,高频管比低频管的阻值大,小功率管比大功率管的阻值大。

2. 共射极电流放大系数 $\beta$ 的估测

若万用表有测 $\beta$ 的功能,可直接进行测量读数;若没有测 $\beta$ 的功能,可以在基极与集电极间接入一只 100 kΩ 电阻,如图 2—32 所示。此时,集电极与发射极反向电阻较小,即万用表指针偏摆大,指针偏摆越大,则 $\beta$ 值越大。

3. 三极管稳定性的判别

在估测 $I_{ceo}$ 的同时,可进行三极管稳定性能的判别。用手捏住管子,如图 2—33 所示。管子受人体温度影响,集电极与发射极反向电阻将有所减小,若指针偏摆较大,或者说反向电阻值迅速减小,则说明管子的稳定性较差。

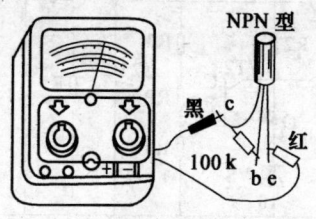

图 2—32 共射极电流放大系数 $\beta$ 的估测

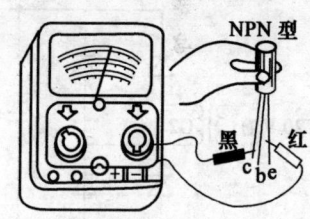

图 2—33 稳定性测量

# 模块五 电子电路技能训练

## 一、实习目的
1. 看懂电子电路图,能够用万用表检测各元器件的好坏。
2. 用万能板、电烙铁焊接电子元器件。
3. 用示波器检测相关位置参数。
4. 通电调试。

## 二、实习项目:串联可调稳压电源的组装

如图 2—34 所示电路中 T 是 220V/12V 降压变压器,220 V 经降压后变为 12 V,然后送到 VD1~VD4 进行整流、C1 滤波后变为 15 V 左右的直流电压;VT1 是调整管,VT2 与 VS(稳压管)以及 RP、R3、R4 构成一个取样电路,将输出电压的变化转变为 VT1 基极的调整信号,从而调整 VT1 管的 $U_{CE}$ 电压来达到稳定输出电压的作用。R2 与 VS 构成稳压电路,稳定 D 点的电压,C2 对输出电压进一步起稳压作用,R5 是当负载开路时为 VT1 提供一个导通回路。

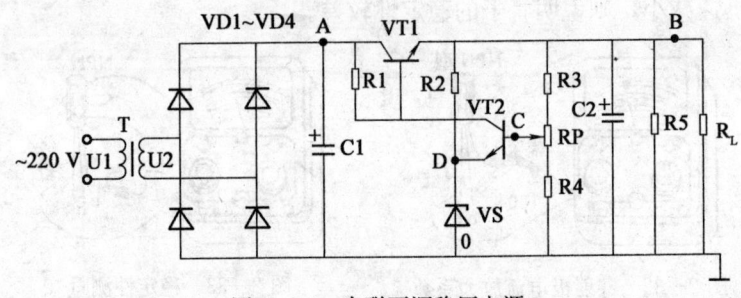

图 2—34 串联可调稳压电源

## 三、实习准备

准备万用表 1 块、晶体三极管 2 个、电阻 6 个、电位器 1

个、二极管 4 个、稳压管 1 个、电解电容器 2 个、220 V 变 12 V 变压器 1 个和导线若干，焊锡、松香若干、电烙铁及烙铁架，万能板（所有物资按人数备齐配套待用）。

### 四、元件明细表

表 2—4　　　　　　　　　元件明细表

| 序号 | 元件名称 | 规格 | 数量 |
|---|---|---|---|
| 1 | T—为变压器 | 220V/12V | 1 |
| 2 | VS—稳压管 | 2CW53/5.1 V | 1 |
| 3 | VT1 为晶体三极管 | C2655 | 1 |
| 4 | VT2 为晶体三极管 | 9013 | 1 |
| 5 | VD1～VD4 为晶体二极管 | 1N4007 或整流桥 | 4 |
| 6 | C1 为电解电容器 | 470μF/50V | 1 |
| 7 | C2 为电解电容器 | 220μF/50V | 1 |
| 8 | R1 为电阻 | 2kΩ、1/4W | 1 |
| 9 | R2 为电阻 | 1kΩ、1/4W | 1 |
| 10 | R3 为电阻 | 150Ω、1/4W | 1 |
| 11 | R4 为电阻 | 200Ω、1.4W | 1 |
| 12 | R5 为电阻 | 2kΩ、1/4W | 1 |
| 13 | RL 为负载电阻 | 100Ω2W | 1 |
| 14 | RP 为电位器 | 470～1kΩ、1/4W | 1 |

### 五、实习步骤

1. 用万用表测量元器件，把所测量元件的参数做好记录。
2. 接好电烙铁电源，达到预热温度后依次焊接电子元件。
3. 检测电路板各位置参数。
4. 通电调试。

# 第三单元 电冰箱常用检修工具及检修基本技能

## 模块一 电冰箱常用检修工具、安全操作规程及检修基本技能

**一、电工常用工具与测量仪表及其使用**

1. 验电笔

普通低压验电笔的电压测量范围为 60~500 V，高于 500 V 的电压则不能用普通验电笔来测量。使用验电笔时要注意以下问题：

(1) 使用验电笔之前，首先要检查电笔内有无安全电阻，然后检查验电笔是否损坏，有无受潮或进水，再看氖泡是否能正常发光，如果验电笔氖泡能正常发光，则可以使用。

(2) 测量时，手指握住验电笔身，食指触及笔身金属体（尾部），验电笔的小窗口朝向自己眼睛，如图 3—1 所示。

(3) 在明亮的光线下或阳光下测试带电体时，应当注意避光，以防光线晃眼观察不到氖泡是否发亮，造成误判。在使用完毕后，要保持验电笔清洁，并放置干燥处。

2. 旋具

旋具可分为一字形旋具和十字形旋具，其握柄材料有木柄和塑料柄两种。电工常用的旋具有 100 mm、150 mm 和 300 mm 几种规格。图 3—2a 所示为小螺钉用旋具操作方法，图 3—2b 所示

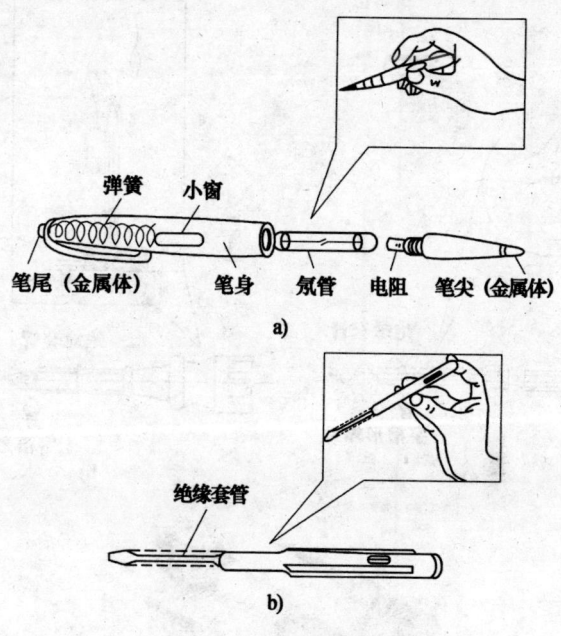

图 3—1 验电笔的使用
a) 钢笔式验电笔 b) 旋具式验电笔

为大螺钉用旋具操作方法。

使用旋具时要注意以下几点：

(1) 旋具手柄要保持干燥清洁，以防带电操作时发生漏电。

(2) 在使用小头较尖的旋具紧、松螺钉时，要特别注意用力均匀，避免因手滑而触及其他带电体或者刺伤另一只手。

切勿将旋具当做錾子使用，以免损坏旋具。

3. 尖嘴钳

如图 3—3 所示，尖嘴钳适用于狭小的工作空间或带电操作低压电气设备。电工维修人员应选用带有绝缘手柄的，耐压在 500 V 以上的尖嘴钳。

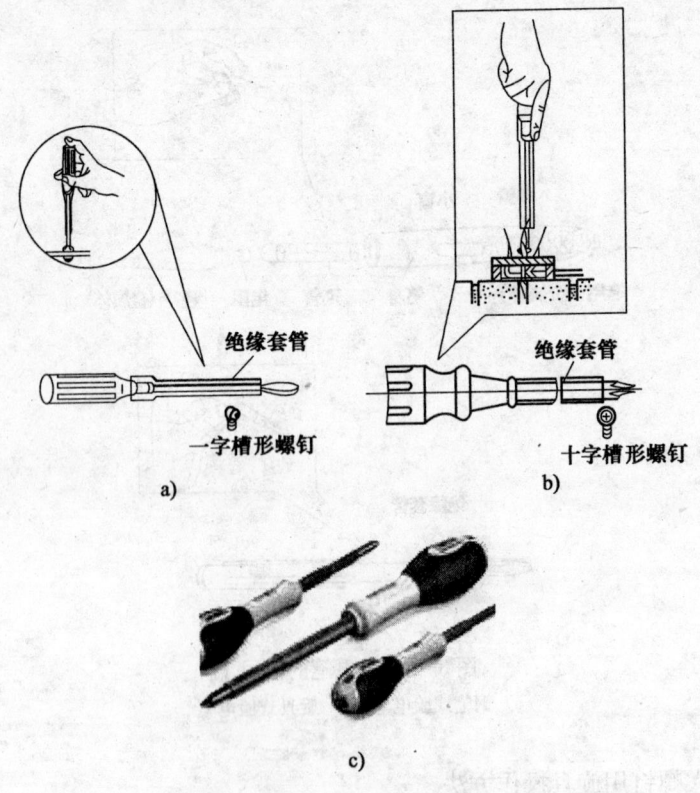

图 3—2 旋具操作方法
a) 小螺钉用旋具　b) 大螺钉用旋具　c) 旋具实物

使用尖嘴钳时应注意以下问题:
(1) 使用尖嘴钳时,手离金属部分的距离应不小于 2 cm。
(2) 注意防潮,勿磕碰损坏尖嘴钳的柄套,以防触电。
(3) 钳头部分尖细,且经过热处理,钳夹物体不可过大,用力时切勿太猛,以防损坏钳头。
(4) 使用后要擦净,钳轴、腮等处要经常加油,以防生锈。

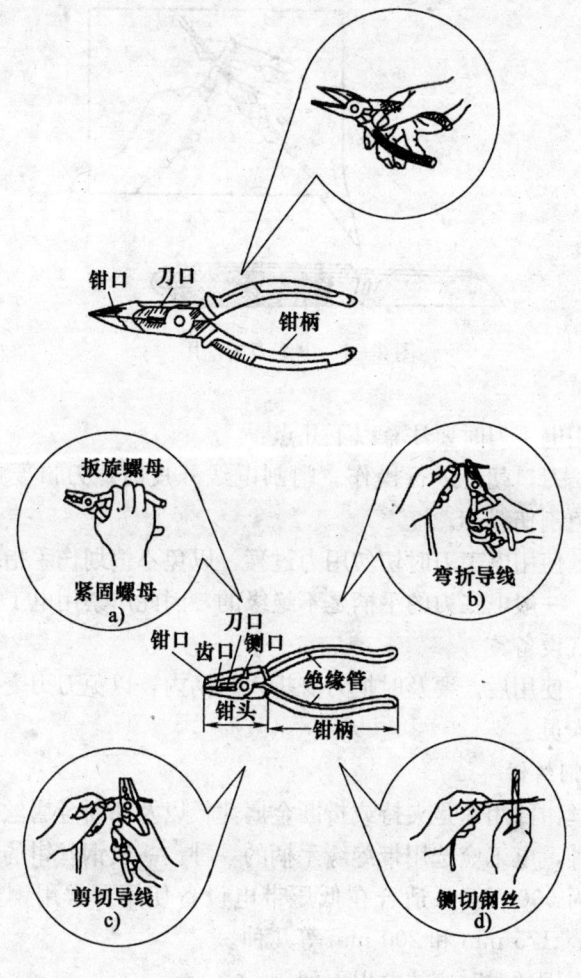

图 3—3 尖嘴钳操作方法

4. 电工刀

如图 3—4 所示,电工刀是电工在装配维修工作时用于割削电线绝缘外皮、割削绳索、木桩、木板等物品的工具。

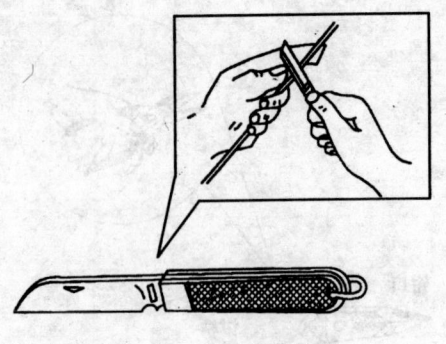

图 3—4 电工刀的使用

使用电工刀时要注意以下几点:
(1) 刀口朝外进行操作。削割电线外皮时,刀口要放平一点,以免割伤线芯。
(2) 使用电工刀时切勿用力过猛,以免不慎划伤手指。
(3) 一般电工刀的手柄是不绝缘的,因此严禁用电工刀带电操作电气设备。
(4) 使用后,要及时把刀身折入刀柄内,以免刀刃受损或误伤操作人员。

5. 钢丝钳

钢丝钳的用途是夹持或折断金属薄板以及切断金属丝。钢丝钳有两种,电工应选用带绝缘手柄的一种。一般钢丝钳的绝缘护套耐压为 500 V,只适合在低压带电设备使用。常用钢丝钳有 150 mm、175 mm 和 200 mm 等几种。

使用钢丝钳时应注意以下问题:
(1) 勿损坏绝缘手柄,并注意防潮。
(2) 钳轴要经常加油,防止生锈。
(3) 带电操作时,手与钢丝钳的金属部分应保持 2 cm 以上的距离。

6. 剥线钳

如图3—5所示,剥线钳是用来剥除电线、电缆端部橡胶塑料绝缘层的专用工具。它可带电(低于500 V)削剥电线末端的绝缘皮,使用十分方便。剥线钳有140 mm和180 mm两种规格。

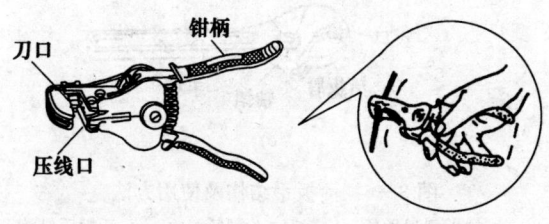

图3—5 剥线钳及其使用

7. 活扳手

活扳手用于旋动螺钉、螺母,它的卡口可在规定范围内任意调整大小。电工常用的活扳手有150 mm×19 mm、200 mm×24 mm、250 mm×30 mm、300 mm×36 mm等数种规格。扳动较大螺钉、螺母时,所用力矩大,手应握在手柄尾部,如图3—6a所示;扳小型螺母时,为防止卡口处打滑,手可握在接近头部的位置,且用拇指调节和稳定蜗轮,如图3—6b所示。

8. 手锤

手锤俗称榔头,如图3—7所示。是电工在安装电气设备时常用到的工具之一(如拆装电动机轴承时锤击用),常用规格有0.25 kg、0.5 kg、0.75 kg等。锤长度为300 mm~350 mm。为防止锤头脱头,顶端应打楔。使用手锤时,右手应握在木柄的尾部,这样才能使出较大的力量。锤击时,用力要均匀,落锤点要准确。

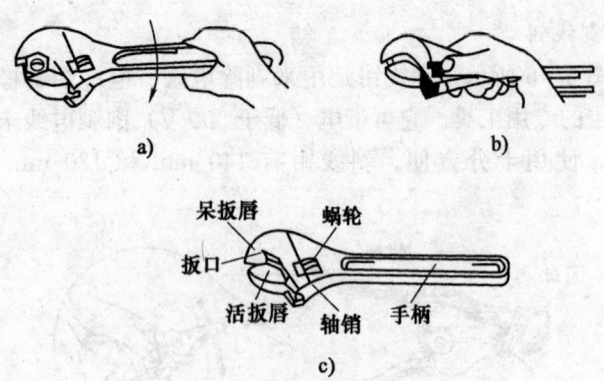

图 3—6 活扳手结构及使用方法
a) 扳较大螺母握法  b) 扳较小螺母握法  c) 活扳手结构

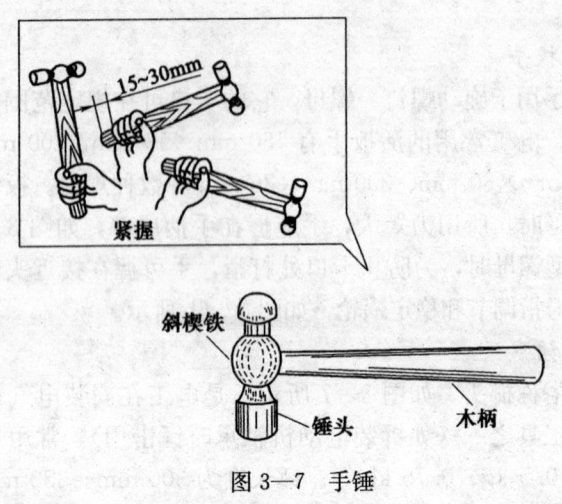

图 3—7 手锤

9. 电烙铁

电烙铁有外热式、内热式、感应式等多种形式，如图 3—8 所示。使用电烙铁时要注意以下几点：

（1）使用之前，应检查电源电压与电烙铁上的额定电压是否

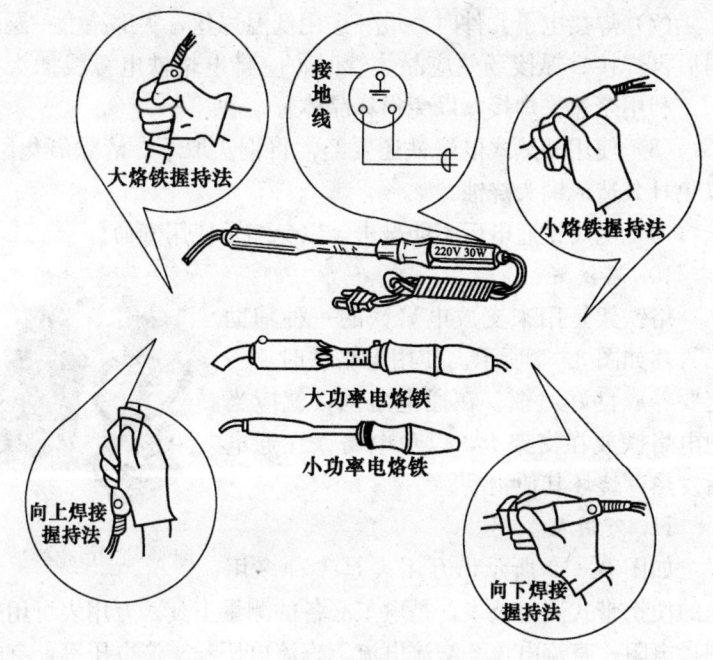

图 3—8 电烙铁

相符，一般为 220 V。

(2) 新烙铁在使用前应用砂纸把烙铁头打磨干净，焊接时和松香一起在烙铁头上沾上一层锡（称为搪锡）。

(3) 电烙铁不能在易爆场所或腐蚀性气体中使用。

(4) 电烙铁在使用中一般用松香作为焊剂，特别是电线接头、电子元件的引脚焊接，一定要用松香做焊剂，严禁用含有盐酸等腐蚀性物质的焊锡膏焊接，以免腐蚀印制电路板或短路电气线路。

(5) 电烙铁在焊接金属铁、锌等物质时，可用焊锡膏焊接。

(6) 如果在焊接中发现紫铜的烙铁头氧化不易沾锡时，可用锉刀锉去氧化层，在酒精内浸泡后再用，切勿在酸液内浸泡，以免腐蚀烙铁头。

(7) 焊接电子元件时,最好选用低温焊丝,头部涂上一层薄锡后再焊接。焊接场效应晶体管时,应将电烙铁电源线插头拔下,利用余热去焊接,以免损坏晶体管。

(8) 使用外热式电烙铁还要经常将铜头取下,清除氧化层,以免日久造成铜头烧蚀。

(9) 电烙铁通电后不能敲击,以免缩短使用寿命。

10. 烙铁架

烙铁架是用来支放电烙铁的一种辅助工具,如图3—9所示。使用电烙铁时,一定要养成良好习惯。在通电之前,就应当把电烙铁放在支架上,以免电烙铁在通电后发热,烧坏其他物品。

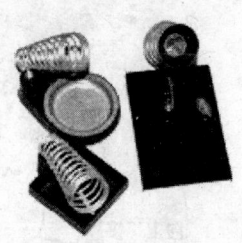

图3—9 电烙铁架

11. 万用表

如图3—10所示,万用表是一种多用途的便携带式测量仪表,是电工必备的测量工具。万用表可用来测量电阻、直流电流、交流电流、直流电压和交流电压等,有的还能测电感、电容、声频电压和三极管放大倍数 $\beta$ 等。万用表一般都有一个或两个转换开关,以实现多种测量功能。

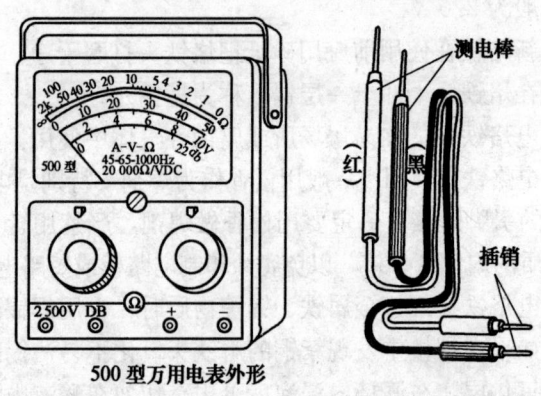

图3—10 万用表

12. 钳形电流表及其应用

钳形电流表的主要部件是一个穿心式电流互感器,规格选用 0～20 A。测量时,应将钳形电流表的电磁铁套在被测导线上,形成 1 匝的初级线圈,次级线圈中便会产生感应电流,与次级线圈相连接的电流表指针便会发生偏转,指示出线路中电流的数值。钳形电流表及测量如图 3—11 所示。

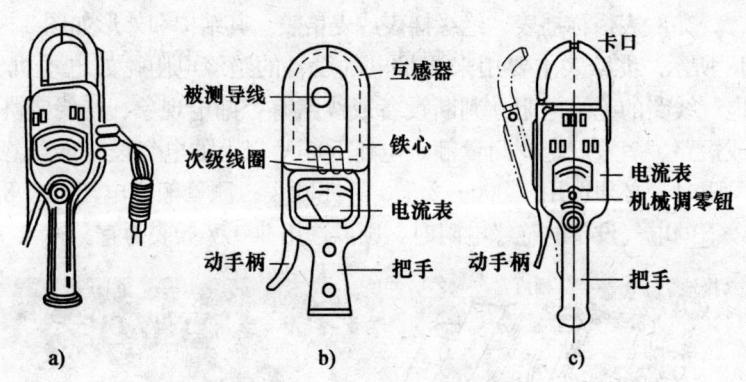

图 3—11　钳形电流表及测量
a) 外形图　b) 测量图　c) 操作动手柄

使用钳形电流表时要注意以下几点:

(1) 要正确选择钳形电流表的挡位位置。测量前,根据负载的大小粗估一下电流数值,然后从大挡往小挡切换,换挡时,被测导线要置于钳形电流表卡口之外。

(2) 检查表针在不测量电流时是否指向零位,若未指零,应用小旋具调整表头上的机械调零钮直至表针指向零位,以提高读数准确度。

(3) 测量电动机电流时,操作动手柄扳开钳口活动电磁铁,将电动机的一根电源线放在钳口内中央位置,然后松开动手柄使钳口密合好。如果钳口接触不好,应检查弹簧是否损坏或有污垢。如有污垢,可用布清除后再测量。

(4) 在使用钳形电流表时，要尽量远离强磁场（如通电的自耦调压器、磁铁等），以减小磁场对钳形电流表的影响。

(5) 测量较小的电流时，如果钳形电流表量程较大，可将被测导线在钳形电流表口内绕几圈，然后再读数。线路中实际的电流值应为仪表读数除以导线在钳形电流表上的匝数。

13. 兆欧表及其应用

兆欧表俗称摇表、绝缘摇表或麦格表，其结构和外形如图3—12所示。兆欧表主要用来测量电气设备的绝缘电阻，如电动机、电气线路的绝缘电阻，判断设备或线路有否漏电现象、绝缘损坏或短路。一般规定，测量额定电压500 V以上的电气设备的绝缘电阻时，必须选用1 000～2 500 V兆欧表；测量额定电压500 V以下的电气设备的绝缘电阻时，则以选用500 V摇表为宜。

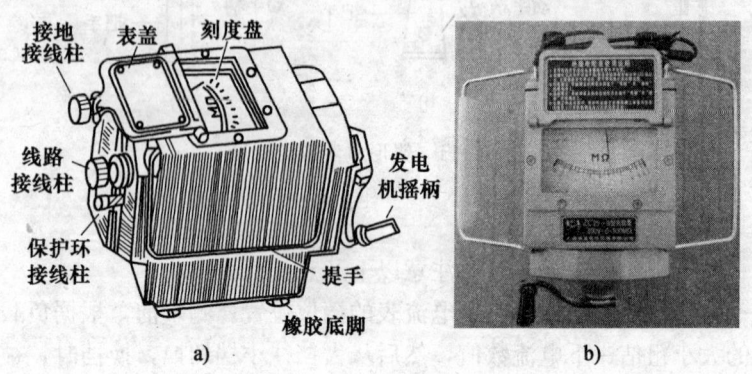

图3—12 兆欧表
a) 兆欧表结构　b) 兆欧表外形

(1) 测量前检查

兆欧表在使用前的开路试验如图3—13所示。使用兆欧表前，应先将兆欧表的两接端分开，再摇动手柄。正常时，兆欧表指针应指"∞"值。

兆欧表在使用前的短路试验如图3—14所示。使用兆欧表

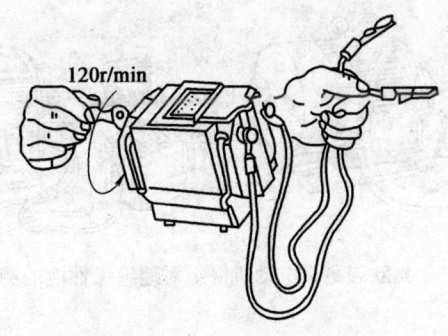

图 3—13　兆欧表的开路试验

前,应将兆欧表的两接线端接触,再摇动手柄。正常时,兆欧表指针应指"0"值。

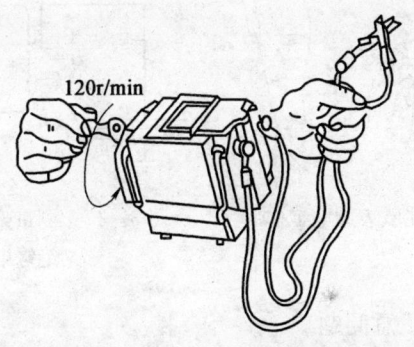

图 3—14　兆欧表的短路试验

(2) 使用与测量

兆欧表测量电动机绕组对地绝缘性能的测量方法如图 3—15 所示。使用兆欧表中,用导线将兆欧表"L"端与电动机接线柱或电气设备部位连接,兆欧表的"E"端接电动机外壳或设备外壳,然后进行摇测。兆欧表指针指向零时,证明电动机绕组或设备绝缘损坏;指针如指向"∞"值,表明绕组设备与外壳绝缘良好。

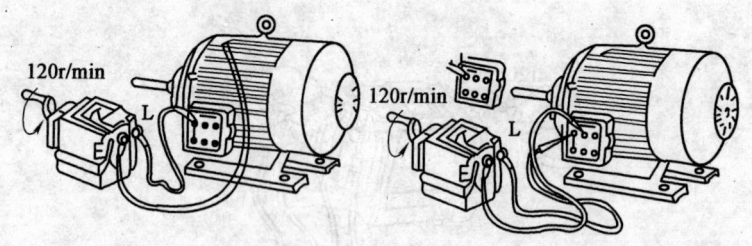

图3—15 兆欧表测量电动机绕组对地绝缘性能的测量方法

兆欧表在使用后应将L、E两导线短接,对兆欧表进行放电,如图3—16所示,以避免发生触电事故。

兆欧表测量架空线路对地的绝缘电阻如图3—17所示。

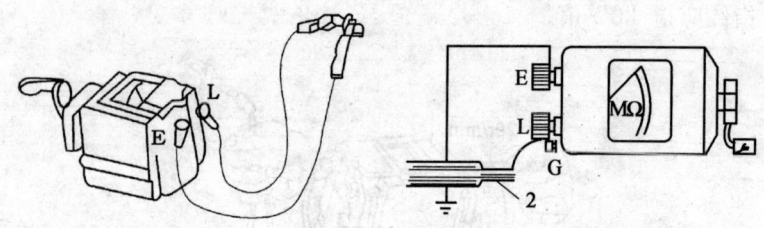

图3—16 兆欧表放电工作　　图3—17 测量架空线路对地的
　　　　　　　　　　　　　　　　　　　绝缘电阻

(3) 使用注意问题

使用兆欧表时要注意以下几点:

1) 正确选择其电压和测量范围。50～380 V 的电气设备检查绝缘情况时,可选用 500 V 兆欧表。对 500 V 以下的电气设备,兆欧表应选用读数从零开始的,否则不易测量。

2) 选用兆欧表外接导线时,应选用单根的多股导线,不能用双股绝缘线,绝缘强度要在 500 V 以上,否则会影响测量的精度。

3) 测量电气设备绝缘电阻时,测量前必须先断开设备的电源,并验明无电。如果是测量电容器或较长的电缆线路,应放电后再测量。

4) 兆欧表在使用时必须远离强磁场,并且平放。摇动兆欧表时要平稳,切勿使表受振动,以免造成测量误差。

5) 测量前,兆欧表应先做一次开路试验,表明兆欧表工作状态正常(可测电气设备)。

6) 测量前,应清洁被测电气设备表面,以免引起接触电阻大,测量结果不准。

7) 在测电容器的绝缘电阻时需注意,电容器的耐压必须大于兆欧表发出的电压值。测完电容器后,应先取下摇表线再停止摇动摇把,以防已充电的电容器向摇表放电而损坏。测完的电容器要用电阻进行放电。

8) 兆欧表在测量时,还需注意摇表上 L 端子接入电气设备的带电体一端,而标有 E 接地的端子应接电气设备的外壳或接电动机外壳或地线,如图 3—18 所示。

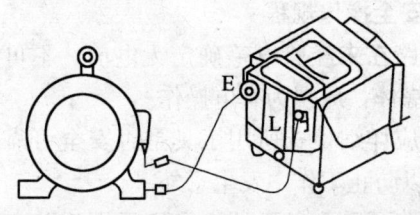

图 3—18  测量电动机绝缘电阻

9) 测量电缆的绝缘电阻时,除把兆欧表"接地"端接入电气设备地之外;另一端接线路后,还需再将电缆芯之间的内层绝缘物接"保护环",以消除因表面漏电而引起的读数误差,如图 3—19 所示。

10) 若遇天气潮湿或降雨后空气湿度较大时,应使用"保护环",以消除绝缘物表面泄流,使被测物绝缘电阻比实际值偏低。

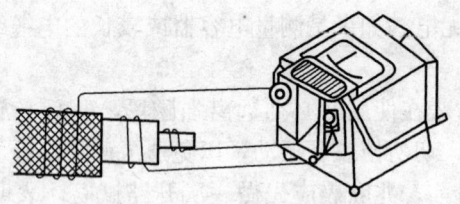

图 3—19 测量电缆绝缘电阻

11）使用兆欧表测试完毕后，应对电气设备进行充分放电。

12）使用兆欧表时，要保持一定的转速，兆欧表的规定一般为 120 r/min，容许变动±20%，在 1 min 后取一稳定读数。

13）测量时，不要用手触摸被测物及兆欧表接线柱，以防触电。

14）摇动兆欧表手柄，应先慢、再逐渐加快，待调速器发生滑动后，应保持转速稳定不变。如果被测电气设备短路，表针摆动到"0"时，应停止摆动手柄，以免兆欧表过流发热烧坏。

## 二、电工安全操作规程

1. 电气线路在未经验电笔确定无电前，不可用手触摸，不可绝对相信绝缘体，应视为有电操作。

2. 工作前应详细检查所用工具是否安全可靠，穿戴好必须的防护用品，以防止工作中发生意外。

3. 维修线路要采取必要的安全警示措施，在开关手把或线路上悬挂"有人工作、禁止合闸！"的警告牌，防止他人中途送电。

4. 使用验电笔时，要注意测试电压范围，禁止超出范围使用，电工人员使用的验电笔，只允许在 500 V 以下电压时使用。

5. 工作中所有拆除的电线要处理好，带电线头要包扎好，以防止发生触电。

6. 所用导线及熔丝，其容量大小必须合乎规定标准，选择开关时必须大于所控制设备的总容量。

7. 工作完毕后，必须拆除临时地线，全部工作人员撤离工作地段，拆除警告牌。所有材料、工具、仪表等随之撤离，安装好原有的防护装置。

8. 送电前，必须认真检查，合乎安全要求并和有关人员联系好后方能送电。

9. 发生电气火警时，应立即切断电源，迅速用四氯化碳粉质灭火器或黄砂扑救（严禁用水扑救）。

### 三、管加工工具的使用

1. 扩管器

扩管器是铜管扩口的专用工具。扩口的正确操作方法是：把顶尖向下旋 3/4 圈左右，再倒回 1/4 圈左右，如此反复进行，达到要求为止。这样能够保证扩口角度正确，表面光滑平整，没有裂纹。

**扩管器实训　扩喇叭口**

（1）操作步骤

1）用割管器切割长 20 cm，直径 φ6 mm 的铜管。

2）用倒角器去除铜管端部毛刺和收口。

3）将需要加工的铜管夹装到相应的夹具卡孔中，铜管端部露出夹板面 1/3 左右（注意夹具坡面位置），旋紧夹具螺母直至将铜管夹牢，如图 3—20 所示。

4）将扩口顶锥卡于铜管内，顺时针慢慢旋转手柄使顶锥下压，直至形成喇叭口。

图 3—20　扩管器实物图

5）退出顶锥，松开螺母，从夹具中取出铜管，观察扩口面是否光滑圆整、无裂纹、毛刺和折边。

另取不同规格铜管进行扩喇叭口练习，直至熟练。

（2）注意事项

1)注意铜管与夹板的米制、英制形式要对应。
2)有条件时,在扩管器顶锥上加上适量冷冻油。
3)铜管材质要有良好延展性(忌用劣质铜管),铜管应预先退火处理。
4)铜管端口应平整、圆滑。
5)喇叭口必须大小适宜,太大容易撕裂且螺母不易夹进,太小容易脱落或密封不严。
6)铜管壁厚不宜超过1 mm。

加工铜管管口时候出现如图3—21所示情况属于不合格喇叭口。

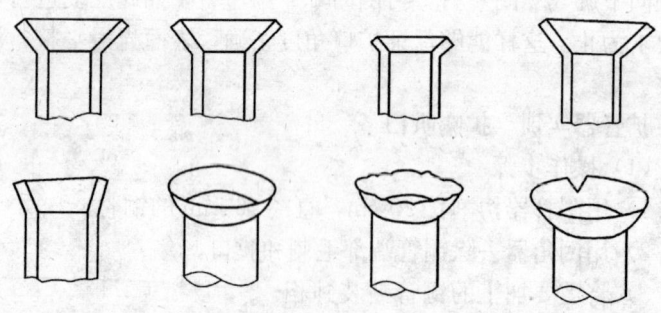

图3—21 不合格喇叭口示例

2. 割管器

割管器又称管子割刀,是一种专门用来切割管子的工具,如图3—22所示。在切管过程中,要边切、边调整刀片,使割痕逐渐加深,直至切断管子。切割时,注意切轮的刀口要垂直压向铜管轴线,不可歪扭或侧向扳动。由于切轮是用较硬和较脆的工具钢制作,若不注意垂直切割,很容易使加工边缘崩裂。

**割管器实训 切割铜管**
(1)操作步骤

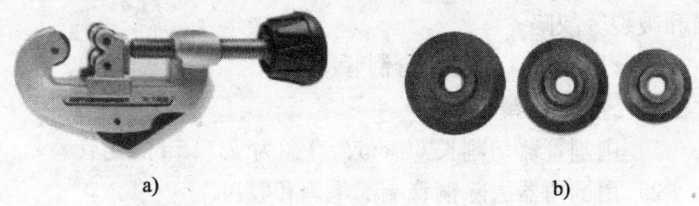

图 3—22 割管器和割刀片实物图
a) 割管器  b) 割刀片

1) 将所需加工的直径为 $\phi 8$ mm 的铜管夹装到割管器上,慢慢旋紧手柄至铜管边缘。

2) 将整个割管器绕铜管时针方向旋转,如图 3—23 所示。割管器每旋转 1~2 圈,需调整手柄 1/4 圈。重复以上步骤,直至将铜管割断。

另取不同规格铜管进行切割练习,直至熟练。

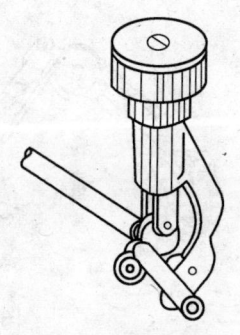

图 3—23 铜管切割加工

(2) 注意事项

1) 铜管一定要架在导轮中间。

2) 所加工的铜管一定要平直、圆整,否则会形成螺旋形切割。

3) 由于所加工的铜管管壁较薄,调整手柄进刀时,不能用力过猛,以免出现严重的内凹收口和铜管变形,影响切割。

4) 铜管切割加工过程中,出现的内凹收口和毛刺需进一步处理。

3. 弯管器

弯管操作的难易程度与弯曲半径有关,弯曲半径越大操作越容易,相反则越难。不同管径和不同材质的管子具有不同的最小弯曲半径,最小弯曲半径可通过查阅有关手册获得。弯管子时,操作时应缓慢小心进行,弯好的管子要求外形美观,无弯扁、皱褶和破裂等缺陷。

**弯管器实训　弯管器弯制管**

（1）操作步骤

1）用割管器切割长 60 cm、直径为 $\phi 3/4$ in 的铜管。

2）用倒角器去除铜管端部毛刺和收口。

3）选用 $\phi 3/4$ in 弯管器并将所需加工的铜管放置到弯管器导轮中，调整好其位置，将活动手柄的搭扣扣住所加工的管件，如图 3—24 所示。

图 3—24　弯管器操作和实物
a）操作　b）实物图

4）慢慢旋紧活动手柄，将管件弯曲至所需角度 90°。

5）松开搭扣和活动手柄，将管件退出，并观察是否符合要求。另取不同规格的铜管进行弯管练习（不同角度），直至熟练。

（2）注意事项

1）加工的管件应该预先退火。

2）加工的管件的壁厚不宜过薄，最好是在 1 mm 左右。

3）铜管规格和弯管器规格应相符合。

4）手工弯管器最大角度为 180°。

**4. 封口钳**

封口钳用于夹扁并封闭管路的某一点，以便检修时装拆压缩机、冷凝器、蒸发器或其他部件，如图 3—25 所示。

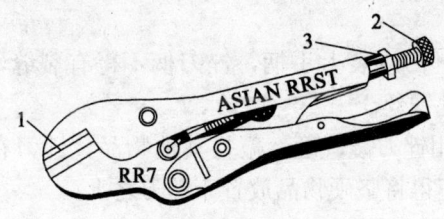

图 3—25 封口钳实物图
1—钳口  2—调节螺钉  3—锁紧螺

**封口钳实训  封口钳封口**

（1）操作步骤

1）用割管器切割长 20 cm，直径为 $\phi3$ mm 的铜管。

2）通过调节螺钉，调整封口钳钳口间隙。

3）拧紧锁紧螺母。

4）将铜管一端放置钳口内（距离端口 3~4 cm），用力捏紧封口钳。

5）取下铜管，目测封口情况。

6）重复以上步骤直至铜管完全封闭。

（2）注意事项

1）封口钳钳口间隙不能调节得太小，以免压断铜管。

2）如无法确认封口是否密封，可以在 $\phi3$ mm 铜管的另一端焊接 $\phi1/4$ in 管螺纹，然后与组表和氮气瓶连接，加压 0.5 MPa 检测。

3）封口钳在不用时应该松开钳口。

**四、钳工安全操作规程**

1. 锤头和锤把要安牢固，没有楔子不准使用。

2. 锤头、錾子、冲头尾部不准有淬头、裂缝、卷边及毛刺，錾切工件时要注意不要被切屑击伤。

3. 锤击时要注意周围环境，根据工作场所情况布放安全网。

4. 锤击时，应尽量将锤头和锤把上的油污擦净，不得戴手套操作。

5. 使用锉刀应装上手柄，锉刀柄不得有裂缝，必须有金属箍，不得结扎铁丝。

6. 不准用锉刀撬、砸、敲打其他物品；锉刀在工件上不能推拉过端；不得将坚硬物品放置于锉刀之上。

7. 工件支撑一定要牢固平稳，在支撑过程中要随时加木垫。大工件调面，必须有起重工具，并加木垫。

8. 平台要保持洁净，搬动时要防止平面滑伤，保持平台工作面的精度。

9. 锯条不宜过松或过紧，以免断裂。

10. 用台虎钳夹持锯割工件时，锯切位置不宜伸出过长。工件锯割开始或将要切断时，须轻轻推锯，以防滑出碰手或使锯条断裂。

11. 锯切工件一定要夹紧，锯切钢件时要润滑。

12. 攻螺纹前，必须检查板牙、板牙架、丝锥和丝杠是否有损坏或裂纹。

13. 使用丝锥和板牙时，一定要垂直加工工件，用力均匀，不要过猛，以防工具及工件损坏，攻不透孔螺纹更要特别小心。

14. 刮刀一定要装好手柄方可使用，以免戳伤。刮研时不要用力过猛，以免滑脱刺伤。

15. 刮研时工件要轻拿轻放，被研表面，必须保持清洁。

16. 工件放在钳口上要夹紧，转紧或放松虎钳时，提防打伤手指。

17. 使用砂轮刃磨工具时，要按操作规程进行。

18. 钻孔时，工件必须用台虎钳夹牢，严禁用手握住工件操作。钻孔将要穿透时，应十分小心，不可用力过猛。

19. 装配时，笨重零件的搬运应量力而行，装配清洗零件时，注意不要接近火种，用油加温轴承时，温度不得超过200℃，以防火灾。

20. 装配中所用扳手、旋具等均要符合规定,用力不能过猛,以防打滑造成事故。

**五、制冷系统抽真空、检漏设备的使用**

1. 真空泵

在检修制冷系统时,常需要对系统进行抽真空,以达到规定的真空度。在真空系统管道中,要设干燥器,以便吸附抽空空气中的水分和有害气体,保证泵内油质完好,并要定期更换真空泵油。真空泵实物如图3—26所示。

2. 修理双表阀及连接软管总成

如图3—27所示,压力表和真空压力表用于测量制冷系统管道中的压力情况。

图3—26 真空泵实物图

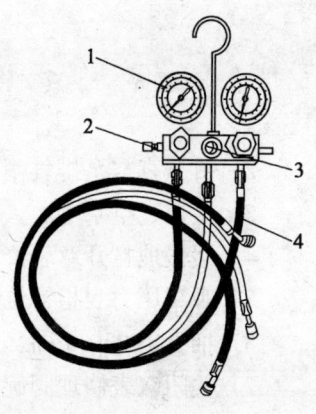

图3—27 修理双表阀总成
1—压力表 2—阀体
3—视镜 4—软管

**真空泵和双表修理阀总成实训**

(1) 操作步骤

1) 用软管连接真空泵和修理双表阀。双表阀中间管接头(一般用黄色软管)连接真空泵(或氟瓶),双表阀低压表侧管接头(一般用蓝色软管)连接制冷系统低压接口,双表阀高压表侧管接头（一般用红色软管）连接制冷系统高压接口。

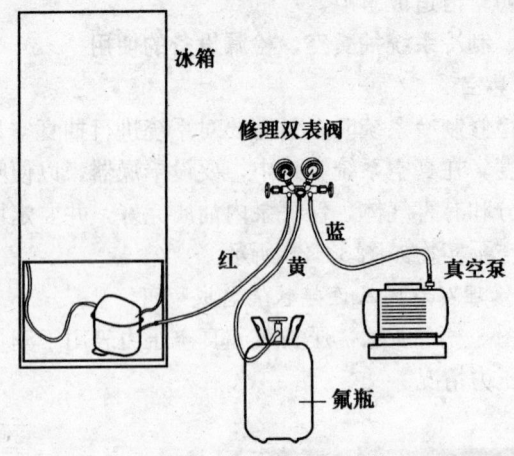

图 3—28　真空泵和修理双表阀总成实训示意图

2) 打开真空泵排气帽。
3) 接通真空泵电源，打开真空泵电源开关。
4) 缓慢地打开双表修理阀旋钮，即可对系统进行抽真空。
5) 观察压力表指针位置变化是否正常。
6) 抽真空 25 min 后记录低压表的真空值。
7) 关闭双表修理阀旋钮，关闭真空泵电源开关。

(2) 注意事项

1) 由于软管与真空泵和制冷系统的接连依靠橡胶圈密封，所以连接时不能用力过大，以免损坏橡胶圈影响系统的密封。

2) 真空泵严禁抽除易燃、易爆及有毒气体。

3) 真空泵运行时，严禁堵塞排气口。

4) 真空泵进气口与大气相通运转不允许超过 3 min。

5) 真空泵靠油膜密封，应该定期加油（HFV-32 专用真空泵油），保证其油位在工作范围内。

6）国产真空泵的接口为米制接口，用英制软管连接时需用米制-英制转换接头进行连接；也可以用一端是米制接口，另一端是英制接口的专用软管进行连接。

7）真空泵长时间不用时，应将其吸气口和排气口密封，以免落入灰尘或真空泵油吸水，导致真空泵油变质。

8）双表修理阀的高压表阀和低压表阀可以单独使用。双表修理阀在使用时应轻拿轻放，以免影响其精度和使用寿命。

3. 卤化物检漏器

修理制冷设备时，检漏是一项很重要的工作，卤化物检漏器是检漏工作必备的工具，如图 3—29 所示。常用的卤化物检漏器有：卤素检漏灯和电子检漏器两种。

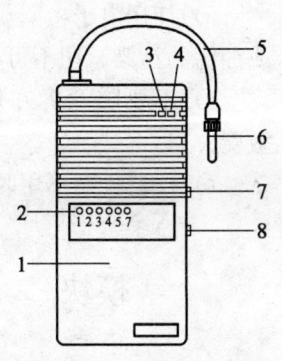

图 3—29 电子检漏仪
1—仪器壳体 2—泄露量指示
3—报警指示 4—电源指示
5—软管 6—传感器探头
7—复位按钮 8—电源开关

**电子卤素检漏仪实训**

(1) 电子卤素检漏仪操作步骤

1）将电池装入电子检漏仪，打开电源开关，电源指示灯亮，同时听到电子检漏仪发出缓慢"嘟、嘟"声，此时表示电子检漏仪处于正常工作状态。如果打开电源，仪器啸叫，则按一下复位打开，便可恢复正常。

2）将电子检漏仪的传感器探头沿系统连接管道慢慢移动进行检漏，速度不大于 25～50 mm/s，并且探头与被检测表面的距离不大于 5 mm。

3）如电子检漏仪发出"嘟……"的长鸣声时，说明该处存在泄露。为保证准确无误的确定漏点，应及时移开传感器探头，待电子检漏仪恢复正常后，在发现漏点处重复检测 2、3 次。

4）如果找到某个漏点后，一定要继续检查剩余管路。

(2) 注意事项

1）由于电子卤素检漏仪的灵敏度很高，所以不能在有卤素或其他烟雾污染环境中使用。

2）精度检测时，须在"正压室"内进行，最起码要在空气新鲜的场合进行。

3）检漏仪的灵敏度一般是可调的，由粗检到精检分为数挡。

4）在使用过程中，严防大量的制冷剂被吸入检漏仪，过量的制冷剂会污染电极，使灵敏度大为降低。

5）使用电子检漏仪时，应注意保持探头的清洁。避免灰尘或油污的污染，切不可与水接触。

6）不要随意拆卸传感器探头，以免损坏或影响仪器的灵敏度。

7）仪器长期不用时，应取出电池，并置于干燥处保存。

## 模块二　焊接设备及焊接技术

**一、焊接设备**

1. 氧—乙炔气焊接设备

氧—乙炔气焊接设备由氧气瓶、乙炔瓶、氧气减压阀、乙炔减压阀、橡胶管、焊炬（枪）组成，如图3—30所示。

（1）氧气瓶。氧气瓶是储存和运输高压氧气的容器。氧气瓶容量一般为40 L，额定工作压力为15 MPa。瓶体漆成天蓝色，并漆有"氧气"黑色字样。

焊接过程中，必须正确地保管和使用氧气瓶，否则，有爆炸的危险。禁止将氧气瓶和乙炔瓶以及其他可燃气瓶、易爆易燃物品放在一起，不得同车运输。禁止氧气瓶接触油脂。运输、存放和使用氧气瓶时应妥善可靠地固定，防止撞击和倒下，操作中氧气瓶距离乙炔发生器、明火或热源应大于5 m。

a) b)

图 3—30 氧—乙炔气焊接设备
a) 氧气瓶和氧气减压器　b) 乙炔瓶

(2) 乙炔瓶。乙炔瓶是储存和运输乙炔的容器。乙炔瓶容量一般为 40 L，额定工作压力为 1.5 MPa。瓶体漆成白色，并漆有"乙炔"红色字样。

乙炔易溶于丙酮，根据这一特性，在乙炔瓶内装有浸满着丙酮的多孔性填料，可使乙炔稳定而安全地储存在瓶中。

在使用乙炔瓶时，除应遵守上述氧气瓶使用要求外，还应注意：必须配备回火保险器，瓶体温度不得超过 30~40℃；搬运、装卸、存放和使用时，应注意竖立放稳，不能遭受剧烈振动；乙炔瓶和氧气瓶之间距离不得小于 5 m，在其附近严禁烟火；乙炔瓶和减压阀连接必须可靠，不得漏气；乙炔瓶与工作场地之间距离不得小于 10 m。

(3) 减压阀。减压阀是将气瓶中高压气体的压力减到气焊、气割所需压力的一种调节装置。减压阀不但能降低压力、调节压力，而且能使输出的低压气体的压力保持稳定，不会因为气源压力降低而降低。气焊时氧气的工作压力为 0.2~0.4 MPa，乙炔的工作压力为 0.1~0.15 MPa。减压阀外形如图 3—31 所示。

(4) 回火保险器。正常气焊时，火焰在焊炬焊嘴外面燃烧，但当发生气体供应不足或管路焊嘴阻塞等情况时，火焰会进入喷嘴沿着乙炔管路向里燃烧，这种现象称为回火。如果回火现象蔓

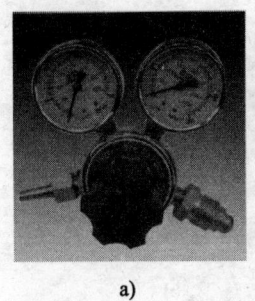
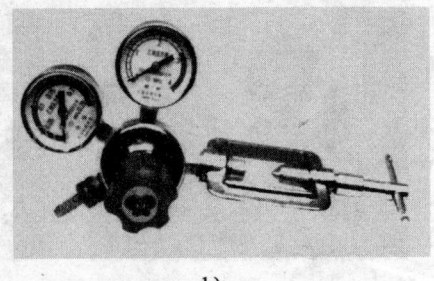

图 3—31 减压阀
a) 氧气减压阀  b) 带夹环的乙炔减压阀

延到乙炔瓶，就可能引起爆炸事故。回火保险器就是装在燃料气体系统上的防止向燃气管路或气源回烧的保险装置，一般有水封式与干式两种。回火保险器外形如图 3—32 所示。

图 3—32 回火保险器

干式回火保险器：当回火时，高温高压的回火气体从出气口倒流回保险器里，活门关闭，回火气体爆破橡胶膜而泄压，排入大气。

（5）焊炬。焊炬是气焊时用于控制气体混合比、流量及火焰并进行焊接的工具。常用射吸式焊炬型号有 H01-2 和 H01-6，其结构如图 3—33 所示。

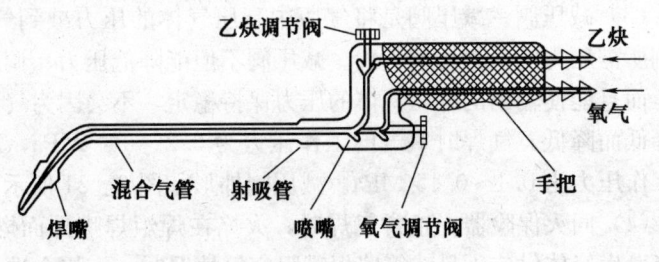

图 3—33 焊炬

(6) 橡胶管。氧气橡胶管应为黑色,内径为 $\phi 8$ mm,工作压力为 1.5 MPa,实验压力为 3.0 MPa。乙炔橡胶管应为红色,内径为 $\phi 10$ mm,工作压力为 0.5 MPa。橡胶管长度为 10~15 m(不可短于 5 m),但太长也会增加气体流动的阻力。

2. 氧—液化石油气焊接设备

氧—液化石油气焊接设备由液化石油气钢瓶、氧气瓶、液化气减压阀、焊炬、氧气减压阀、充注过桥等组成,该设备操作简单,安全方便,特别适用初学者使用。

3. 便携式焊具

便携式焊具由丁烷钢瓶、氧气瓶、焊炬、氧气减压阀、充注过桥等组成,该设备操作简单,安全方便,特别适用上门维修时携带。其外形如图 3—34 所示。

**二、焊条、焊剂**

制冷系统对密封性要求很高,而系统的密封性主要靠高质量焊接来保证,合理地选用焊料是保证焊接质量的重要环节。

图 3—34 便携式焊具

焊接管路的常用焊料有:Ag-Cu-P、Ag-Cu、Ag-Cu-Zn、Cu-P 和 Cu-Zn 等类型。

铜管与铜管焊接可选用磷铜焊料或低含银量的磷铜焊料。这种焊料价格比较便宜,具有良好的漫流、填缝和润湿性能,而且不需要用焊剂。不需焊剂的焊料称为自性焊料,这一特性对电冰箱制冷系统的焊接很重要。因为焊剂有强腐蚀性,若焊后的残留物清洗不净,将带来极大的后患。尤其是焊接铝蒸发器附近的接头时,若有焊剂滴溅到蒸发器表面,很快就会将铝腐蚀穿孔。如果残留的焊剂未清洗干净,在电冰箱使用过程中会溶于霜水、流到蒸发器表面,严重腐蚀蒸发器。

铜管与铜管或钢管与钢管的焊接,可选用银铜焊料和适当的焊药，焊后必须将焊口附近的残留焊药用热水或水蒸气刷洗干净，以防产生腐蚀。使用焊剂时不宜用水稀释，最好用酒精稀释（调成糊状），涂于焊口表面。焊接时，酒精迅速蒸发而形成平滑薄膜不容易流失，同时也可避免水分侵入制冷系统。

### 三、焊接安全规程

1. 手工电弧焊实习安全操作规程

（1）设备安全。工作前，应检查线路各连接点及焊机外壳接地是否良好，防止因接触不良发热而损坏设备。

（2）操作时，必须穿好绝缘鞋，戴好面罩、手套等防护用品。

（3）严禁在焊接时调节电流或断电。

（4）不准赤手接触焊接后的焊件，应用火钳夹持翻动焊件。

（5）清渣时，要注意清渣方向，防止伤害操作人员。

（6）防止焊钳搁置在工作台上造成短路。

（7）防止焊接烟尘危害人体呼吸器官。

（8）发现焊机出现异常时，应立即停止工作，切断电源，并及时向指导教师报告。

（9）操作完毕或检查焊机时，必须切断电源。

（10）整理工具及材料，搞好环境卫生。

2. 气焊、气割实习安全操作规程

（1）焊前应检查焊炬、割炬的射吸力，焊嘴、割嘴是否堵塞，胶管是否漏气等。

（2）氧气瓶与乙炔瓶要分开、安全、稳定摆放。严禁油污，不得随意搬动。

（3）严格按操作顺序点火：先开乙炔，后开氧气，再点火。

（4）严禁在氧气和乙炔阀同时开启时，用手或其他物体堵塞焊咀、割嘴，严禁用已燃火炬放在工件上或对准他人、胶管等物件。

(5) 不用手接触被焊工件和焊丝的焊接端,以免烫伤。

(6) 气焊熄灭时,先关乙炔、后关氧气以免回火。发现回火,应立即关闭氧气、乙炔,并报告指导教师。

(7) 不能将炽热件压在输气胶管上。

(8) 下班时,整理好工具及物件,搞好环境卫生。

**四、氧—乙炔焰的调节和选择**

氧—乙炔焰由于氧气和乙炔的混合比不同有三种火焰:中性焰、氧化焰和碳化焰,如图3—35所示。

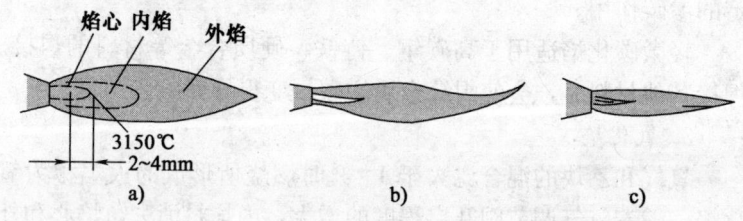

图3—35 氧和乙炔混合后产生的火焰
a) 中性焰 b) 碳化焰 c) 氧化焰

1. 中性焰

氧气和乙炔的混合比为1:1~1:2时燃烧所形成的火焰称为中性焰,又称为正常焰。它由焰心、内焰和外焰三部分组成。焰心靠近喷嘴孔呈尖锥状,色白明亮,轮廓清晰;内焰呈蓝白色,轮廓不清,与外焰无明显界限;外焰由里向外逐渐由淡紫色变为橙黄色。中性焰焰心外2~4 mm处温度最高,达3 150℃左右,因此气焊时应使焰心离开工作表面2~4 mm,此距离热效率最高,保护效果最好。

中性焰应用最广,适于低碳钢、中碳钢、低合金钢、不锈钢、纯铜、锡青铜、铝及铝合金、铅、锡、镁合金和灰铸铁等材料的焊接。

2. 碳化焰

氧气和乙炔的混合比小于1:1时燃烧所形成的火焰称为碳

化焰。碳化焰的火焰比中性焰长,也由焰心、内焰和外焰构成。点火后,可将乙炔调节阀开得稍大一点,然后控制氧气调节阀的开启程度。随着氧气供应量的增加,内焰的外形逐渐减小,火焰的挺直度也随之增强,直至焰芯呈蓝白色,内焰呈淡白色,外焰呈橙黄色为止。

由于氧气较少,燃烧不完全,整个火焰比中性焰长,且温度也较低,最高温度约为 2 700~3 000℃。由于碳化焰中的乙炔过剩,所以内焰中有多余的游离碳,具有较强的还原作用,也有一定的渗碳作用。

轻微碳化焰适用于高碳钢、铸铁、硬质合金等材料的焊接。焊接其他材料时,会使焊缝金属增碳,变得硬而脆。

3. 氧化焰

氧气和乙炔的混合比大于 1:2 时燃烧所形成的火焰称为氧化焰。随着氧气调节阀开启程度的增大,内焰将消失,焰心和外焰缩短,焰心变尖并呈淡紫色,火焰挺直,燃烧时发出急剧的"嘶、嘶"声。由于氧气较多,燃烧比中性焰剧烈,温度比中性焰高,可达 3 100~3 300℃。

氧化焰有过量的氧,因此有氧化性,一般不宜采用。轻微氧化的氧化焰适用于黄铜和镀锌铁皮等的焊接,因为此时可使熔池表面覆盖一层氧化锌薄膜,防止了锌的蒸发。

**五、焊接技能训练**

1. 实训设备和材料

(1) 氧—液化石油气焊设备。

(2) 氧—乙炔气焊接设备。

(3) 便携式焊具。

(4) 氧气瓶(装满氧气)。

(5) 氮气瓶(装满氮气)。

(6) 扩管器　　　　　　　　　　　　1套

(7) 胀管器　　　　　　　　　　　　1套

(8) 铜焊条　　　　　　　　　　1 kg
(9) 割刀　　　　　　　　　　　1 把
(10) 银焊条　　　　　　　　　 1 kg
(11) 磷铜焊条　　　　　　　　 1 瓶
(12) 铝焊粉　　　　　　　　　 1 瓶
(13) 常用五金工具　　　　　　 1 套
(14) 铜管、铁管、铝管　　　　 若干

**2. 基本焊接方法训练**

(1) 氧—乙炔气焊接

1) 选择小号 H01-2 型或特小号 H01-6 型焊炬，3 或 4 号焊嘴，按如图 3—36 所示安装好焊接设备。

2) 在确保设备完好的情况下，打开乙炔瓶阀和氧气瓶阀，此时瓶内的压力由各自的高压表显示出来，再顺时针方向调节各自减压阀上的顶丝，以低压表观察，调到所需要的压力。一般氧气压力为 0.2～0.4 MPa，乙炔的压力为 0.1～0.15 MPa。检查各调节阀和管接头处有无泄露。

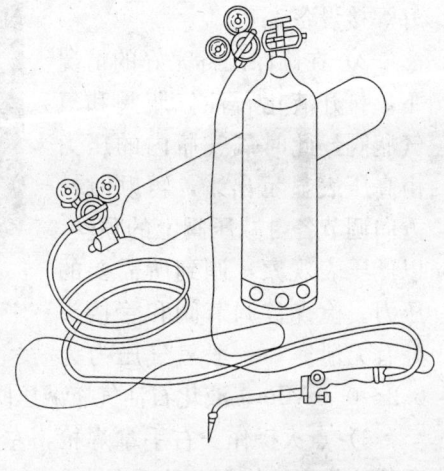

图 3—36　氧气—乙炔焊接设备

3) 选择 $\phi1.5～\phi2$ mm 的铜焊条，焊剂可选铜焊粉。初学者最好选用银焊条及银焊粉，因价格便宜，使用也方便。

4) 点火操作。右手拿焊炬，左手逆时针少许拧开氧气阀，再开乙炔阀（开启程度要小心，以免乙炔气燃烧不充分而产生黑烟灰），然后点火。开始点燃时，如果氧气压力过大或乙炔不纯，就会连续发出"叭、叭"的声音或发生不易点燃的现象。

5)焊接火焰的调整。调节氧气和乙炔的混合比,使火焰呈中性焰。焰心呈光亮的蓝色,火焰集中,轮廓清晰。

6)焊接完毕后,先关焊枪的乙炔阀,再关氧气减压阀,最后,松开各自减压阀上的顶丝和关闭各自的瓶阀。

反复练习氧—乙炔焰的操作,直至熟练为止。

(2)氧—液化石油气焊接

1)选择小号 H01-2 型或特小号 H01-6 型焊炬,3 号或 4 号焊嘴,按图 3—37 所示安装好焊接设备。

2)在确保设备完好的情况下,打开液化石油气瓶阀和氧气瓶阀,此时氧气瓶内的压力由高压表显示出来,再顺时针方向调节各自减压阀上的顶丝,以低压表观察,调到所需要的压力。检查各调节阀和管接头处有无泄露。一般氧气压力为 0.2~0.4 MPa。液化石油气瓶减压阀不需调节。

图 3—37  氧气—石油气焊接设备

3)点火操作。右手拿焊枪,左手逆时针少许拧开氧气阀,再开液化石油气阀,然后点火。

4)焊接火焰的调整。调节氧气和液化石油气的混合比,使火焰呈中性焰。焰心呈光亮的蓝色,火焰集中,轮廓清晰。

5)焊接完毕后,先关焊枪的液化石油气阀,再关氧气阀,最后,松开氧气减压阀上的顶丝和关闭各自的瓶阀。

反复练习操作,直至熟练为止。

(3)便携式焊具焊接

1)安装好焊接设备。

2)在确保设备完好的情况下,打开丁烷气瓶阀和氧气瓶阀,此时氧气瓶内的压力由气压表显示出来,再顺时针方向调节氧气减压阀上旋钮,调到所需要的压力(氧气减压阀上没有低压表,根据经验调节)。检查各调节阀和管接头处有无泄露。丁烷气瓶不需减压调节。

3) 点火操作。右手拿焊炬,左手逆时针少许拧开氧气阀,再开丁烷气阀,然后点火。

4) 焊接火焰的调整。调节氧气和丁烷气的混合比,使火焰呈中性焰。焰心呈光亮的蓝色,火焰集中,轮廓清晰。

5) 焊接完毕后,先关焊枪的丁烷气阀,再关氧气减压阀,最后,松开氧气减压阀上的顶丝和关闭各自的瓶阀。

反复练习操作,直至熟练为止。

3. 管道焊接实训

(1) 铜管与铜管焊接。铜管与铜管焊接一般采用银焊条,银焊条的含银量为25%、15%或5%;也可用铜磷系列焊条。它们均具有良好的流动性,并不需要焊剂,焊接步骤如图3—38所示。

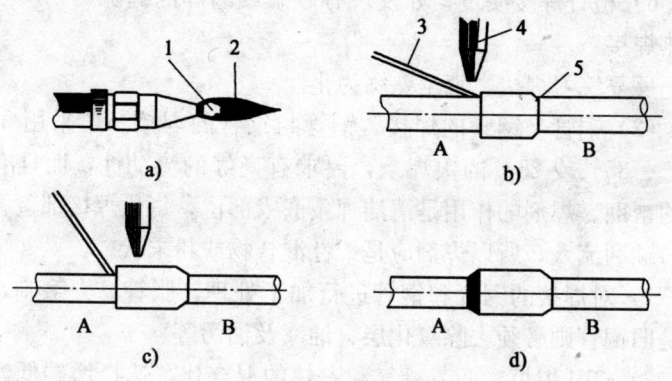

图3—38 管道焊接步骤

a) 中性火焰  b) 焊条放置位置

c) 火焰在A、B间移动  d) 焊接外表示意图

1—焰心 2—外焰 3—银焊条 4—焊枪焊嘴 5—铜管杯口形

1) 焊接铜管加工处理。扩管、去毛刺，旧铜管还必须用砂纸去除氧气层和污物；焊接铜管管径相差较大时，为保证焊缝间隙不宜过大，需要将管径大的管道夹小。

2) 充氮气。氮气是一种惰性气体，在高温下不会与铜发生氧化反应，而且不会燃烧，使用安全、价格低廉。而铜管内充入氮气后进行焊接，可使铜管内壁光亮、清洁、无氧化层，从而有效控制系统的清洁度。

3) 打开焊枪点火，调节氧气和乙炔的混合比，选择中性火焰。

4) 先用火焰加热插入管，稍热后把火焰移向外套管，再稍摆动加热整个管子，当管子接头均匀加热到焊接温度时（显微红色），加入焊料（银焊条或磷铜焊条）。焊料熔化是靠管子的温度，并用火焰的外焰维持管子的温度，这样会造成焊料中低熔点元素挥发，改变焊缝成分，影响接头的强度和致密性。

5) 焊接完毕后，将火焰移开，关好焊炬。

6) 检查焊接质量，如发现有砂眼或漏焊的缝隙，则应再次加热焊接。

反复练习焊接，直至熟练为止。

(2) 铜管与钢管的焊接。铜管与钢管的焊接一般采用5%、45%、35%或25%的银焊条，要求有良好的流动性，而且有焊剂的帮助。焊剂的作用是清洁焊条嵌入部位，氧化焊接部位，使焊料顺利流入，所以焊剂应是柔性混合物或粉末状。

1) 对焊接的铜管和钢管进行加工处理，胀管、去毛刺，如果是旧铜管则必须去除氧化层、油漆及油污等。

2) 打开焊炬，调节氧气和乙炔的混合比，选择增碳低温焰（碳化焰）。

3) 加热前，将焊剂均匀涂在待焊接的部位。

4) 加热插入管和套管。

5) 当管子加热完毕，焊剂熔化成液体时，立即将焊料放到焊点上,用焊炬维持温度,直到焊料流入两管间的缝隙内。

6) 将火焰移开,关闭焊炬。

7) 检查焊缝质量,发现焊缝仍有缝隙或砂眼,则应重新加热补焊。

反复操作焊接,直至熟练为止。

(3) 铜铝接头的焊接。在电冰箱泄漏故障中,有相当一部分是铜铝接头处泄漏。而铜铝接头焊接工艺比较难掌握。所以焊接时应仔细操作。

1) 做好焊接前的准备工作。先将泄漏的铜铝接头焊开,把泄漏的那段管子用割刀割掉,然后将铜管内壁清理干净,同时将铜管外表面的氧化膜、灰尘或油脂除掉。

2) 把管壁内外清理干净的铜管(铜管外径等于铝管内径)外壁均匀涂上已调制好的糊状铝焊粉,插入铝管内长 10 mm。

3) 打开焊炬,调节氧气和乙炔的混合比,选择中性焰。

4) 用火焰对准与铝管相邻的那部分铜管进行加热(加热要均匀,速度要快,不允许只局部加热),直到加热至铝管开始熔接于铜管上,此时将铜管稍作转动,使之均匀熔在一起,再将焊炬迅速拿开。

5) 关好焊炬。

6) 冷却后,用水清洗干净,用氧气吹去管内污物。

反复练习焊接,直至熟练为止。

(4) 管接头焊接质量检查。为保证维修过程中焊接质量,对每个焊接接头应进行质量检查,一般可采用以下两种方法:

1) 目测检查。对被焊接部分用肉眼或借助放大镜检查焊缝外观质量,焊缝不得有裂纹、气孔等缺陷,焊缝应光滑平整。

2) 气压检查。管道焊入系统后,可在系统中充入氮气,氮气压力一般高压侧为 1.5 MPa,低压侧为 0.8~1.2 MPa,然后用一定浓度的肥皂液涂在焊缝处进行查漏。如果是单体设备还可将其置于水池中进行检查。

(5) 焊接中应注意以下事项：

1) 严格按照操作规程使用焊接设备。

2) 焊接设备使用应在专业教师的指导下进行。氧气瓶严禁接触油及油污。

3) 实训中，焊接好的铜管应统一堆放，以防烫伤人员或烫坏焊接橡胶管。

4) 严禁将焊炬对准人、焊接设备或橡胶管。

5) 焊接时，火焰要强，焊接速度要快。如果焊接时间过长，管道生成氧化磷等过多，氧化物将混入系统中，可能会导致毛细管堵塞，影响系统正常运行。

6) 焊接设备出现故障时，应立即报告教师，不可自行随便拆修，更不可带故障继续工作。

7) 现场应配备必要的消防器具。

### 六、电冰箱制冷系统的连接

1. 实习目的

掌握制冷系统的连接顺序和连接方式，掌握管加工工具使用技巧，进一步帮助学员熟悉电冰箱结构，从而理解制冷原理。实习时可采用图 3—39 所示的教具进行教学。

2. 实习步骤

（1）依次固定压缩机、冷凝器、蒸发器、各种电气元件等。

（2）用管工具加工连接处的喇叭形口，依次焊接制冷系统四大部件。

（3）对连接好的制冷系统进行检漏。

图 3—39 透明电冰箱教具实物

(4) 确认制冷系统封闭导通后再接电路。

(5) 抽真空、充注制冷剂，通电试运行。

3. 注意事项

(1) 力争避免出现焊堵情况。所谓焊堵现象，是指系统不导通，抽真空时真空度很快达到。特别是干燥过滤器连接毛细管的部位容易发生焊堵，此时需要将焊接温度把握好。

(2) 压缩机进、出口的连接是难点之一。其措施为倒出冷冻油，装好备用，采用氧气—乙炔枪焊接。

(3) 冷凝器和压缩机的接口，一端材料是钢、另一端材料是铜，加焊剂可以解决焊接不牢固的问题。

# 第四单元 电冰箱常见故障及其处理方法

电冰箱在使用中,由于设计、工艺、材料等问题、零部件的磨损老化、使用不当或其他原因,会出现各种故障。本单元将对电冰箱各种常见故障进行分析,介绍故障排除的办法。

检修电冰箱时,首先要正确判别故障和引起的原因,才能采取正确的方法进行修理。也就是说,必须熟悉电冰箱的工作原理和结构,以此为依据进行分析和处理。如果在对工作原理不明、结构不清楚的情况下,就动手拆修,常会加重修理工作量,甚至损坏机件。

一般来说,分析故障首先是通过眼看、细听和手感三方面进行。眼看是察看冰箱的表面现象,细听就是听机器运行声音是否正常,手感是用手摸其部件的表面温度,逐步查清故障原因后,再动手进行修理。由于电冰箱的制冷系统都是密闭式的,各部件之间有管道焊接,没有可拆卸的接头和阀门之类的零件。因此,电冰箱制冷系统发生故障时,要检查制冷系统各主要零部件的压力和温度,从而分析故障原因和所处部位是有一定困难的。当然,必要时也可断开相关管道,接上所需仪表(如压力表),以便进一步分析故障原因。

## 模块一 典型故障现象及其处理方法

**一、通电后压缩机不运转**

通电后压缩机不运转的故障原因和处理方法见表4—1。

表 4—1　通电后压缩机不运转的故障原因和处理方法

| 序号 | 故障原因 | 处理方法 |
|---|---|---|
| 1 | 电源供电线中断或电压太低 | 用电压表测量电源电压是否符合要求 |
| 2 | 熔丝熔断 | 更换熔丝，通电后如新熔丝立即又熔断，则必须用万用表测量电冰箱电路或其他电器是否有短路和过载现象 |
| 3 | 电源插头、启动器插座等接触不良或断线 | 检查插头、插座是否松动，接触不良 |
| 4 | 温度控制器旋钮置于"停"位 | 转动温度控制器，压缩机会重新开始工作 |
| 5 | 温度控制器失灵，旋转温度控制器置于任何位置，压缩机均不能工作运转 | 更换温度控制器 |
| 6 | 热保护继电器、PTC 启动器烧毁或触点开路 | 更换继电器 |
| 7 | 电冰箱的环境温度太低，控制器感温包所产生的压力，不能使触点闭合，电动机不能启动 | 电冰箱必须放在温度 10℃ 以上的环境里，以适当地降温和凝结冰块 |
| 8 | 电动机绕组短路、烧坏或内部断路 | 更换新压缩机或重绕电动机绕组 |

## 二、压缩机运转时间太长或不停转

压缩机运转时间太长或不停转的故障原因和处理方法见表 4—2。

表 4—2　压缩机运转时间太长或不停转的故障原因与处理方法

| 序号 | 故障原因 | 处理方法 |
|---|---|---|
| 1 | 感温管脱落或感温包放置位置不正确 | 温度控制器的感温包必须放在冰箱内预定的位置并能很好地和蒸发器接触，一旦箱内温度降到要求温度，即能断开电路，不会造成箱内温度继续下降的现象。有时控制器调整的压力或温度太低，亦会造成压缩机运转时间过长 |

续表

| 序号 | 故障原因 | 处理方法 |
|---|---|---|
| 2 | 温度控制器触点粘连或短路 | 温控器内部短路,应检查接触点和接线,必要时,需校准温度控制器或更换温控器 |
| 3 | 温度控制器旋转到最冷位置(不停位) | 把旋钮调整到适中位置 |
| 4 | 制冷剂充量不够或制冷系统管路中制冷剂渗漏 | 查出漏气的地方并修补,然后充加适当数量的制冷剂 |
| 5 | 制冷剂加注太多 | 制冷剂加注太多,要适当减少制冷剂 |
| 6 | 蒸发器表面结霜太厚 | 蒸发器上的冰霜应及时清除,以提高传热效果 |
| 7 | 冷凝器的散热效果差,空气不能畅通流过 | 电冰箱离开墙壁最少 10 cm 以上,冷凝器上的污物应及时清除掉,使空气能够很好地进行热交换 |
| 8 | 冰箱制冷系统污物堵塞或冰堵 | 当发生制冷系统堵塞现象时,应清洗制冷系统,然后进行干燥,抽真空,加注制冷剂,最后封口 |
| 9 | 压缩机排气压力太低,致使压缩机效率低,这时蒸发器上凝结着一层透明冰块,其原因是压缩机中工件磨损度大,使进气量减小的缘故 | 修复压缩机,或者更换同型号的压缩机 |
| 10 | 电源电压过低,影响压缩机的转动速度,速度低使冰箱内降温时间延长 | 供电电压故障,非电冰箱质量问题,配用稳压器 |
| 11 | 冰箱负载过大,如放入大量的热食品;开启门的时间太长,门封不严;环境温度高,冰箱隔热保温效果差 | 热的食物不可直接放入冰箱,应先让其冷却到室温为好,这时放入冰箱可缩短压缩机工作时间,节省电耗;箱门要尽量少开启,并缩短每次开门时间。检查箱壁隔热保温层和门封情况,漏冷处要修补。如果是环境温度过高,则应调换冰箱安放位置。提醒用户改变使用习惯,避免放入太多的食物,尽可能缩短开门时间 |

### 三、电冰箱冷藏室温度正常,但冰块凝结慢

电冰箱冷藏室温度正常,但冰块凝结慢的故障原因和处理方法见表 4—3。

表 4—3　电冰箱冷藏室温度正常,但冰块凝结慢的原因与处理方法

| 序号 | 故障原因 | 处理方法 |
|---|---|---|
| 1 | 温度控制器调整不当,造成压缩机的工作时间短,而停顿的时间长,所以冰块难以凝结 | 调节温度控制器或更换失灵的温度控制器 |
| 2 | 冰箱环境温度太低,如冰箱放置在空气温度低于 10℃ 的环境里,压缩机不能工作足够长的时间而使食物结冰 | 将冰箱放置在比较暖的环境里 |
| 3 | 用非金属容器做结冰器,如塑料、瓷器等,这些容器的传热效果差,故结冰时间长 | 采用金属容器 |
| 4 | 冷冻物品过量、难以冻结或缓慢冻结 | 适当加放糖和香精 |

### 四、凝结冻块时间正常,但冰箱冷藏室温度偏高

凝结冻块时间正常,但冰箱冷藏室温度偏高的故障原因与处理方法见表 4—4。

表 4—4　凝结冻块时间正常,但冰箱冷藏室温度偏高的故障原因与处理方法

| 序号 | 故障原因 | 处理方法 |
|---|---|---|
| 1 | 冷藏室蒸发器的冰霜太厚 | 化霜 |
| 2 | 冷藏室内存放的食物太多,空气流通状况不良,影响降温 | 适当调整食物存储量 |
| 3 | 冷藏室内存放热食品,致使压缩机超载运转,并使蒸发器上结满了厚厚的冰霜 | 移出高热食品,冷却后再放进箱中 |

## 五、电冰箱内蒸发器上结霜过多

电冰箱内蒸发器上结霜过多的故障原因与处理方法见表 4—5。

表 4—5　　电冰箱内蒸发器上结霜过多的故障原因与处理方法

| 序号 | 故障原因 | 处理方法 |
| --- | --- | --- |
| 1 | 电冰箱开门频繁,外界热空气流入箱内,热空气中水分冷却后在蒸发器上凝结成冰霜 | 尽量减少冰箱门开启时间和次数 |
| 2 | 门封条不严,往往在门缝处发生漏气现象,使外界热空气渗入箱内,致使蒸发器上结霜过多 | 门上的橡胶磁封条,一旦老化就失去弹性,一般可在封条下塞垫棉絮等软物将其调平,或更换门封条 |
| 3 | 温度控制器使用不当,旋转到深冷位置,易使蒸发器上结霜过多 | 根据食品冷冻温度的要求,重新调整温度控制器 |

## 六、蒸发器后半部不结霜

蒸发器后半部不结霜的故障原因与处理方法见表 4—6。

表 4—6　　蒸发器后半部不结霜的故障原因与处理方法

| 序号 | 故障原因 | 处理方法 |
| --- | --- | --- |
| 1 | 制冷剂注量不够 | 补加制冷剂 |
| 2 | 制冷系统制冷剂渗漏 | 查找渗漏处,补漏,干燥,抽真空,注入新的制冷剂 |
| 3 | 压缩机效率降低 | 修理或更换压缩机 |

## 七、电冰箱工作时发生杂音

电冰箱工作时发生杂音的故障原因与处理方法见表 4—7。

表 4—7　电冰箱工作时发生杂音的故障原因与处理方法

| 序号 | 故障原因 | 处理方法 |
| --- | --- | --- |
| 1 | 电冰箱放置不平 | 调整冰箱底面的调节螺栓,或垫硬片调平 |
| 2 | 电冰箱安放不稳,箱体下垫泡沫未拿掉 | 拿掉脚下泡沫垫 |

续表

| 序号 | 故障原因 | 处理方法 |
|---|---|---|
| 3 | 箱内物架、接水盘松动 | 适当在物架上放些物品,推紧接水盘 |
| 4 | 压缩机减振弹簧断裂或脱落,使压缩机内零部件碰撞 | 修整或更换压缩机 |
| 5 | 管道松动,产生相互碰撞 | 适当调整并固紧碰撞的管道 |
| 6 | 电冰箱的背面或侧面紧靠墙壁 | 冰箱紧靠墙时,会通过墙壁传播压缩机的振动,冰箱离开墙壁至少应 10 cm 以上 |

### 八、压缩机运转时出现过热现象

压缩机运转时出现过热现象的故障原因与处理方法见表4—8。

**表 4—8　压缩机运转时出现过热现象的故障原因与处理方法**

| 序号 | 故障原因 | 处理方法 |
|---|---|---|
| 1 | 制冷剂的注入量过多或过少 | 制冷剂的注入量应符合该冰箱的设计标准,注入太多时,应放出多余的制冷剂;太少时,应补充制冷剂 |
| 2 | 制冷系统中空气含量偏大 | 应抽真空,重新注入制冷剂 |
| 3 | 电压低于 190 V,电动机不能够达到正常转速 | 配用稳压器或暂停使用冰箱,待供电恢复到正常电压后再使用 |
| 4 | 电动机绕组有短路和搭接现象,这时电动机转速慢并有声音,并使绕组产生数点发热 | 更换电动机,或重新绕绕组 |
| 5 | 容式电动机的容器损坏,这时电动机不能启动,或者转速很低,且有响声 | 更换电容器 |

## 九、箱内照明灯能亮，温度控制器开关置于使用位置，但电动机不运转

压缩机机内电动机不运转的故障原因与处理方法见表4—9。

表4—9 箱内照明灯能亮，温度控制器开关置于使用位置，但电动机不运转的故障原因与处理方法

| 序号 | 故障原因 | 处理方法 |
| --- | --- | --- |
| 1 | 输入电源电压太低或太高 | 配用稳压器或暂停使用冰箱 |
| 2 | 启动继电器触点接触不良 | 调整启动继电器触点连接处 |
| 3 | 启动电容器损坏 | 更换启动电容器 |
| 4 | 电动机或压缩机卡住 | 更换或调整转子、定子间的间隙 |
| 5 | 电动机启动绕组短路 | 检修并重绕绕组，或更换启动绕组 |

## 十、压缩机启动过于频繁

压缩机启动过于频繁的故障原因和处理方法见表4—10。

表4—10 压缩机启动过于频繁的故障原因与处理方法

| 序号 | 故障原因 | 处理方法 |
| --- | --- | --- |
| 1 | 电冰箱压缩机的制冷效率低，一般是由于压缩机的进气阀或排气阀漏气所引起 | 检查修理或更换压缩机的进气阀或排气阀 |
| 2 | 温度控制器工作点调整不当，使电冰箱内温度控制范围太小，箱内温度稍有波动时，温度控制器上的触点即有接通或断开的动作，引起压缩机启动、停机过于频繁 | 可先将温度控制器的旋钮旋到靠近强冷的位置，使温度控制范围增大。再让压缩机经过一段时间的运转和观察，如果压缩机启动正常，则说明温度控制器的温控范围过小，可将其调到适当位置；如果压缩机仍然启动频繁，说明温度控制器有问题，需进行修理或更换温度控制器 |

续表

| 序号 | 故障原因 | 处理方法 |
|---|---|---|
| 3 | 电冰箱制冷系统中制冷剂的注入量不足，或是制冷系统中有渗漏现象存在，这时冰箱降温困难 | 先对制冷系统进行检查，找到系统中制冷剂不足的原因，若有渗漏的地方，必须先将渗漏处修理，方可往系统中注入制冷剂 |
| 4 | 温度控制器中的触点接触不良，使得压缩机出现不规则的频繁动作 | 拆开温度控制器，观察触点的接触情况，通常是由于触点不能迅速接通或断开，而出现打火，造成触点接触不良。这时，可用金相砂纸将触点打磨光滑，使其接触良好 |
| 5 | 电源电压不稳定或过于偏低，使压缩机出现启动困难 | 装设稳压器或暂停使用电冰箱待供电正常再使用 |
| 6 | 电冰箱压缩机的启动继电器中触点上的弹簧片的弹力调节不当，使压缩机频繁动作 | 当启动继电器中启动触点的弹簧片弹力过大时，启动触点不能闭合，电流不流通，压缩机也就无法启动；如果弹力过小，压缩机启动后，启动触点不能断开，压缩机不能正常工作，电流不能减小，过载保护触点断开。当双金属片温度调低后，触点闭合，如此反复进行，使压缩机频繁动作，这时需要适当调节启动继电器衔铁弹簧片的调节螺钉，使其恢复正常 |
| 7 | 压缩机电动机工作时，出现电流过载现象，使过载保护器触点反复动作 | 该情况多属于压缩机内电动机绕组短路或压缩机内部的运动件有卡住现象，若是压缩机电动机短路，则可用万用表欧姆挡进行检测，找出原因进行修理<br>一旦电流过载，过载保护器中的电阻丝将发热，而使得双金属片动作，过载保护触点断开，当双金属片温度复原后，触点闭合，如此进行反复动作 |

续表

| 序号 | 故障原因 | 处理方法 |
|---|---|---|
| 8 | 电冰箱的保温性能差，漏冷严重，不能较长时间地保持冰箱内温度的相对稳定，当压缩机停转后，冰箱内温度上升快，压缩机又开始运转，使得压缩机启动、停止机频繁 | 找出漏冷严重的部位，进行修补，使其达到良好的保温性能 |
| 9 | 电冰箱开门次数过多，使冰箱内热负荷增大 | 减少电冰箱的开门次数和每次的开门时间 |
| 10 | 冷凝器的散热效果不良，在冷凝器表面上积聚较多的灰尘和油污，使冰箱内降温缓慢 | 保持冷凝器的清洁，将电冰箱放在空气流通好的地方，有利于改善散热效果 |

## 十一、电冰箱内温度未达到所要求温度，压缩机突然停止运转

压缩机突然停止运转的故障原因与处理方法见表4—11。

表4—11　电冰箱内温度未达到所要求温度，压缩机突然停止运转的故障原因与处理方法

| 序号 | 故障原因 | 处理方法 |
|---|---|---|
| 1 | 电源停止供电或电源线断线 | 检修电源线路，若是停电，等待来电再启动电冰箱；若有断线情况，要立即接好或更换导线 |
| 2 | 熔丝熔断 | 检查熔丝熔断的原因，然后再更换熔丝 |
| 3 | 电冰箱电源插头接触不良，有松动现象 | 更换或修理电源插头 |
| 4 | 压缩机电动机的绕组短路或接地，使过量的电流通过，导致过载的情况发生，过载保护器的触点被分开 | 检修或更换新压缩机 |

续表

| 序号 | 故障原因 | 处理方法 |
|---|---|---|
| 5 | 制冷系统中有过量的空气存在,使压缩机的工作压力过高 | 重新抽真空,使制冷系统达到设计要求 |
| 6 | 制冷系统中有水分,出现"冰堵"现象 | 找出制冷系统中产生水分的原因,若是制冷剂中水分过多,则必须更换新的制冷剂;若属于系统中干燥不够而造成,必须对系统重新干燥处理方可注入制冷剂 |

## 十二、电冰箱工作时外壳带电现象

外壳有带电现象的故障原因与处理方法见表4—12。

表4—12　电冰箱工作时外壳带电现象的故障原因与处理方法

| 序号 | 故障原因 | 处理方法 |
|---|---|---|
| 1 | 电冰箱电源线插头上或周围有污物和水分存在,使其绝缘电阻变小 | 用兆欧表进行测量,并找出漏电部位,然后用酒精或汽油刷洗干净 |
| 2 | 电动机内部有漏电现象 | 若属于压缩机电动机的质量问题,则进行修理或更换压缩机 |
| 3 | 冰箱体未接地线或接地不良 | 接上地线,保持良好的接地效果 |
| 4 | 冰箱内水分太多,使其温度控制器有漏电现象出现 | 将温度控制器进行干燥处理 |
| 5 | 冰箱的电器附件由于绝缘层的老化、碰伤等,造成绝缘性能下降 | 找出漏电附件进行更换 |

## 十三、电冰箱外部或地面上有水出现

电冰箱外部漏水的故障原因与处理方法见表4—13。

表 4—13　电冰箱外部或地面上有水出现的故障原因与处理方法

| 序号 | 故障原因 | 处理方法 |
|---|---|---|
| 1 | 冰箱绝热层的绝热效果差,使冰箱表面凝露 | 将损坏或隔热保温效果差的那部分绝热层除去,重新加补绝缘层 |
| 2 | 环境空气湿度大 | 将冰箱置于较干燥且通风处 |
| 3 | 冰箱制冷剂渗漏,致使蒸发器上结的霜太厚,化霜时,融化的水溢出盛水盘 | 修整冰箱制冷剂渗漏处 |
| 4 | 排水道阻塞,致使化霜时水溢出地面 | 清除排水道中的堵塞物,使排水通畅 |

## 十四、冷凝器出现振动声

这种情况多发生在外露式冷凝器的电冰箱上,尤其是百叶窗式冷凝器,该种冷凝器是将冷却管挤压在百叶窗式平板散热片上,形成一个整体,在生产过程中可能会出现冷却管和散热片之间结合不牢固或有变形振动现象。另外,电冰箱在使用过程中,冷凝器存在着温差的变化。由于冷却管和散热片受热时,膨胀系数不同,两者之间会产生相对位移,当压缩机运转时,就会在冷凝器的松动处出现振动,长期这样,就会在振动处出现冷却管破损的情况,造成制冷剂渗漏。

对于上述情况,需要进行修理。首先找出冷凝器发生松动的部位,然后加以固定,再用胶水、502 胶等进行胶合,待其凝固后即可使用。

## 十五、电冰箱遇到频繁停电时的处理方法

电冰箱在使用中,遇到频繁的断电情况要特别小心,因为这样可能会损坏电冰箱压缩机。所以,这时应切断电源,使冰箱压缩机暂停使用,或安装电冰箱保护器(该保护器具有使电冰箱延时启动的功能)。在冰箱使用过程中,遇到频繁停电,必须在压缩机停机后至少等待 3~5 min,方可重新启动压缩机。因压缩机停机后,通过毛细管的节流作用,高低压两端的压力不能迅速

达到平衡。只有当高低压两端压力平衡时，才有利于压缩机的再启动，而高低压两端的平衡过程需要 3～5 min，所以刚停止运转的压缩机是不能立即启动的。

## 模块二　制冷系统常见故障及其检修

制冷系统包括压缩机、冷凝器、干燥过滤器、毛细管、蒸发器及其连接管道。

当电冰箱制冷系统出现问题时，首先要判断属于哪一类的问题，必要时用复合压力表测定冷凝压力（排气压力）和蒸发压力（回气压力）。

**一、制冷系统中制冷剂不足或泄漏**

这种情况主要表现为：

1. 压缩机的回气压力和排气压力都比正常运转时低。
2. 冰箱内蒸发器上很少结霜，甚至不结霜。
3. 冰箱内温度不像正常时那样容易降下来。
4. 压缩机停机后，制冷系统中的压力，有可能低于环境温度所对应的饱和压力。

制冷剂不足，大多是由于操作维修不当或制冷系统中某些部位密封性能不好，引起制冷剂向外泄漏所造成的，所以必须先对整个制冷系统进行全面和仔细的检漏，在排除故障后，才能注入制冷剂。

**二、制冷系统中制冷剂过多**

这种情况主要表现为：

1. 压缩机的回气压力升高，并且冷凝压力也升高。这是因为制冷剂占去了冷凝器的一部分容积，减少了传热面积，使冷凝器的热交换效果降低所致。
2. 由于过多的液体制冷剂进入蒸发器而未能全部蒸发汽化，

在回气管中有液体存在,被压缩机低压吸入,造成制冷压缩机产生湿冲程,严重时会发生液击冲缸事故。

3. 蒸发器上只结"浮霜",这种霜粘接力小,一碰就散掉。

4. 电冰箱压缩机在制冷剂过多的情况下长期工作,电动机易因过载而被烧毁。

当判断是制冷系统中制冷剂过多时,应将系统内多余的制冷剂放出,然后才能投入正常使用。若是首次注入制冷剂,应按照制造厂提供的数据或设计规定的数量进行充注,切不可误认为制冷剂加入越多,温度就越低,制冷量就越大。

### 三、制冷系统中发生"冰堵"现象

所谓"冰堵"现象,是指蒸发温度 $t_o$ 低于 0℃时,在节流装置(毛细管)处发生水分冰结而形成的堵塞现象。这时制冷压缩机的低压吸气压力会很低,蒸发器上所结的冰霜会很快融化掉,制冷量将大幅度下降,甚至不能进行正常的制冷工作,严重时会造成制冷压缩机损坏、电动机绕组短路、击穿或烧毁等事故。另外,制冷装置中制冷剂含有水分时,水分和制冷剂将会发生化学反应,生成盐酸(HCl)、氢氟酸(HF),这都会对机件和部件产生腐蚀作用。为了防止制冷系统出现"冰堵"故障、除在管路上设置干燥过滤器以去除进入系统的水分外,最关键的应在制造、安装、调试和维修各环节中,必须仔细操作,注意不要让水分进入制冷系统中。

### 四、制冷系统中发生"脏堵"现象

所谓"脏堵"现象,是指由制冷系统中的各种污垢形成的堵塞现象,这些污垢主要是焊接后未能清除干净的氧化皮和焊渣、焊药,制冷压缩机铸件的型砂清除不彻底,绝缘漆膜受制冷剂的侵蚀后溶化产生的杂质等。"脏堵"故障大多发生在干燥过滤器、节流装置(毛细管)处。

制冷系统出现"脏堵"现象时,制冷压缩机的低压吸气压力会下降,但不会像"冰堵"故障那样使压缩机有间歇启、停动作。"冰堵"时,制冷压缩机停止运转若干时间后,"冰堵"处温度上升,冰粒融化,制冷剂进入蒸发器,低压吸气压力回升,制冷压缩机正常运转。而"脏堵"发生后,"脏堵"处不会由于外界条件而自然导通(在未全部堵塞时,也可能产生间歇启、停现象)。

发生"脏堵"时,应将"脏堵"部件从制冷系统中取出,用纯乙醇或丙酮、工业汽油对部件进行清洗,将所有形成"脏堵"的污物全部清除干净后,再用干燥空气或氮气将残留的清洗剂吹干,有条件时最好进行烘干处理,然后装配试机。

**五、制冷系统的检修**

1. 制冷系统检修注意事项

(1) 制冷系统在修理时,应先切开工艺管放气。切忌未放气时直接用焊枪熔化管子接口,这样做会使制冷剂被焊枪火焰直接燃烧,生成有毒气体,影响修理工的身体健康。

(2) 需要用压力表检查制冷系统内部压力时,其压力值可查阅有关图表。一般电冰箱的排气压力应稳定在 $(1.18\sim1.32)\times10$ Pa (以注入 R12 时)。排气压力过高,可能是毛细管或过滤器被堵塞;排气压力过低、压缩机排气效力不足,可能是因阀门漏泄、缸垫破裂、汽缸磨损等所致。

(3) 修理堵塞的制冷系统时,要先断开毛细管,切断点应在离干燥器口约 $10\sim15$ mm 处,用细三角锉锉出斜口,避开气流方向后将毛细管折断。

(4) 修理制冷系统时,检漏是一项很重要的工作。卤化物检漏器是检漏工作必备的工具,常用的卤化物检漏器有卤素检漏灯和电子检漏器两种。

(5) 制冷系统在修理过程中,要尽快封口,否则和大气贯通时间长,空气中的水分可能会使系统内水分含量增加,以致必须拆开各部件放置到干燥箱内进行加热抽真空处理。

(6) 电冰箱试运行正常后,应进行封口工作,封口后必须检漏封口处有无泄漏。

2. 电冰箱系统清洗操作

(1) 用割管器割开工艺管口,放出系统中的制冷剂。

(2) 用气焊枪烤化吸气管、排气管焊缝,将压缩机和过滤器从制冷系统中拆下。

(3) 将清洗设备和冷凝器连接好。

(4) 接通电源,开启清洗泵进行清洗。清洗时,清洗剂保持 $0.2 \sim 0.4$ MPa 的压力。

(5) 经清洗后,制冷系统是否合格,可用检验冷冻油酸度的方法来检验清洗剂,以无酸度反应为合格。

(6) 清洗完成后,用氮气将清洗剂吹除干净。吹除清洗剂的氮气压力为 $0.8 \sim 1$ MPa。

(7) 同样方法清洗蒸发器、毛细管。清洗毛细管、蒸发器时,可将清洗设备连接于毛细管和回气管进行。这种方法不需拆下蒸发器,比较简单。但由于毛细管流动阻力很大,清洗剂流量较小,不易将污染物洗净,因此需要采用气、液交替的清洗方法。

3. 制冷系统试压操作

(1) 制冷系统氮气加压操作步骤

1) 切开电冰箱工艺管,排空系统内制冷剂。

2) 用焊枪在电冰箱工艺管上焊接好工艺检修口。

3) 用耐压软胶管连接电冰箱工艺检修口、修理双表阀及钢瓶减压阀,如图 4—1 所示。

4) 打开修理双表阀 A 和氮气瓶阀门。

5) 调节氮气减压阀,使氮气缓缓进入系统,同时注意观察修理双表阀压力表上的压力值。

6) 当压力达到 0.8 MPa 时,关闭修理双表阀 A 和氮气瓶阀门,松开氮气减压阀丝锥。加压结束。

7) 加压结束后,用肥皂水检漏。检漏时用毛笔或小毛刷子

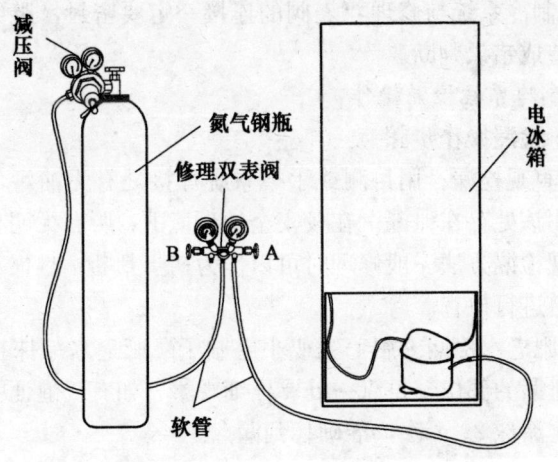

图 4—1 制冷系统试压示意图

蘸肥皂水涂在有可能泄漏的部位，每涂一处要仔细观察，如有气泡证明该处泄漏。

（2）制冷系统加压操作注意事项

1）电冰箱检漏时，充注氮气压力不宜过高，一般不要超过 1.2 MPa。

2）氮气瓶一定要用氮气减压阀，不可将修理双表阀直接接到氮气瓶上。

3）电冰箱制冷系统泄漏点有时比较小，一定要仔细观察，对有可能泄漏的部位应耐心反复检查 2、3 次。

4）当对采用制冷剂加压检漏时，除用肥皂水检漏外，也可以用卤素灯、电子检漏仪进行检漏。

5）由于制冷剂（R12）本身压力较低，在冬天，不宜采用制冷剂进行加压检漏。

6）忌用压缩机或其他设备直接向制冷系统中充注空气进行加压检漏。

7) 制冷系统与修理双表阀的连接一定要密封,避免因连接处漏气造成错误判断。

4. 制冷系统检漏操作

(1) 检漏操作步骤

1) 直观检漏。用目测或手摸系统焊接处有无油污,如有油污,说明该处存在泄漏。在较安全的环境下,听有无明显气流声音。直观检漏方法一般修理时可以作为初步判断,且仅对暴露在外的管道进行检查。

2) 肥皂水检漏。用毛笔或小毛刷子蘸肥皂水涂抹在初步判断可能泄漏的部位,每涂一处要仔细观察,如有气泡证明该处泄漏,重复涂抹2、3次,准确找到漏点。

3) 如初次未发现可疑漏点,则应用肥皂水涂抹多有外露管道和接头的地方进行检漏。

4) 上述检漏操作如未发现漏点,而修理双表阀上压力表读数下降,说明电冰箱系统内存在泄漏,需另行维修。

5) 找到漏点后,先用干毛巾擦去肥皂水,然后松开电冰箱工艺维修口上的连接软管,放出制冷系统中的氮气。

6) 用适当的方法进行补漏。

7) 重新加压检漏,直至系统无泄漏点。

8) 确认系统无泄漏点后,再向系统充入氮气,系统压力为 0.8 MPa,保压时间为 24 h。一般 24 h 压力降不允许超过 0.01 MPa,如果压力降超过 0.01 MPa,则说明系统中仍然存在泄漏部位。上述操作过程需要重复进行,直至完善。

9) 电子检漏仪检漏。制冷系统采用制冷剂加压时,可用电子检漏仪检漏。检漏方法参见第三单元模块一,操作步骤与上述方法相同。

(2) 制冷系统检漏操作注意事项

1) 用肥皂水检漏找到漏点后,一定要先用干毛巾擦去肥皂水,以免肥皂水进入系统造成冰堵。然后放出制冷系统中的氮气。

2) 在电冰箱维修过程中,只有采用制冷剂加压检漏且制冷剂泄漏点很小时,才使用电子检漏仪进行检查。

3) 当制冷系统的泄漏点较大(压力下降很快)时,最好不使用电子检漏仪,以免损坏电子检漏仪。

4) 由于电子检漏仪是精密仪器,在使用过程中,一定要注意轻拿轻放。

5) 电子检漏仪灵敏度较高,在使用电子检漏仪时,室内必须通风良好(无卤素气体),以免产生错误判断。

6) 电子检漏仪在使用过程中,切忌不可将检漏口直接对准制冷剂钢瓶,打开阀门进行检测,以免损坏设备。

7) 电子检漏仪使用完毕后,取出干电池,以免设备长期不用电池漏液而腐蚀损坏设备。

5. 制冷系统抽真空操作

(1) 制冷系统抽真空操作步骤

1) 管道连接。将修理双表阀的一端与冰箱工艺口相连接,另一端与真空泵抽气口连接。如果采用双侧同时抽真空,则表阀的一端通过三通同时连接工艺管口和冰箱过滤的工艺管口,另一端接上真空泵的抽气口。

2) 抽真空。接通真空泵电源,启动真空泵,同时开启修理双表阀,进行抽真空。

3) 观察修理双表阀上的压力表数值,是否有明显下降,如无明显下降,说明管道连接有问题,检查连接管道是否存在泄漏现象。

4) 单侧抽真空。当压力表达到极限压力时(约 15~30 min),关闭压力表阀,然后关闭真空泵。当系统压力平衡一段时间后(约 10 min)再进行抽真空,反复操作 2、3 次。

5) 二次抽真空。当初次抽真空至极限压力后,关闭压力表阀,然后关闭真空泵,将连接真空泵的管道拆下,接至制冷剂钢瓶，打开钢瓶阀门，适当松开修理双表阀端连接管接口，排除管道内空气后旋紧，打开修理双表阀门，向系统中注入适量制冷剂（平衡压力略高于大气压力）然后关闭钢瓶阀门，拆下连接钢瓶接口，将系统中制冷剂排除（与大气压力平衡），然后再次将管道接上真空泵，进行二次抽真空。

6）当真空度达到所要求的真空要求时，关闭系统、修理双表阀，关闭真空泵，完成抽真空工作。

(2) 制冷系统抽真空注意事项

1）真空泵选择。真空泵的极限真空度要求超过制冷系统要求的真空要求，真空泵的抽气速率视制冷系统大小而定，冰箱维修选用的真空泵一般为 2XZ-0.5 型或 2XZ-1 型即可。

2）在使用过程中，要注意真空泵不得低于其指示油位，并应使用专用真空泵油。

3）为方便操作，制冷系统维修过程中采用的修理双表阀上压力表多为带负压的压力表（因为不是专用真空表，所以刻度指标不是很清晰）。

4）抽真空的时间不宜太短，一般为 30 min 左右。

5）抽真空前，制冷系统内压力一定要与大气平衡，以免系统压力过高，造成真空泵喷油。

6. 制冷系统充注制冷剂操作

制冷系统充注制冷剂的示意图如图 4—2 所示。

(1) 制冷系统充注制冷剂操作步骤

1）在制冷系统抽真空完成后，将修理双表阀与真空软管接头拆下，接到制冷剂钢瓶上，旋紧软管接头，然后打开制冷剂钢瓶阀门。

2）适当松开修理双表阀 B 端与制冷剂钢瓶连接的软管接头，排除连接软管内空气，然后旋紧接头。

3）打开修理双表阀门 B，让制冷剂充注至制冷系统。

4）当系统压力与制冷剂钢瓶压力平衡后，关闭修理双表

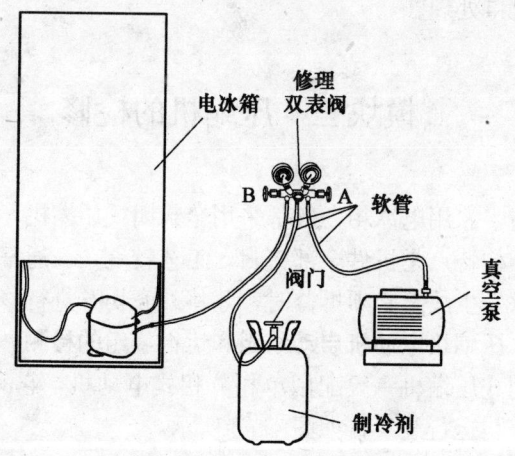

图 4—2 制冷系统充注制冷剂示意图

阀门。

5) 接通电冰箱电源，电冰箱启动。

6) 电冰箱运行后，仔细观察压力表。如果压力表读数为正常运行值（或是负压时），应慢慢打开修理双表B阀门，补充制冷剂；如果压力表读数高于正常运行值，应关闭制冷剂钢瓶阀门，松开软管接头，慢慢打开修理双表B阀门，放掉多余制冷剂。

7) 充注量可根据铭牌标明的量进行判断。电冰箱应正常启、停三四次。

（2）制冷系统充注制冷剂操作注意事项

1) 制冷系统经过抽真空并确信无渗漏后，开始向系统中充注制冷剂。

2) 不要将制冷剂钢瓶倒置。

3) 电冰箱系统制冷剂充注量一般比较少，初始充注时不要太多，以免向大气排放，污染环境。

4) 调节制冷剂充注量时，应耐心、仔细。电冰箱正常启、停三四次后，确认电冰箱冷藏室和冷冻室温度都达到了要求，然后进行封口处理。

## 模块三　压缩机的检修

目前，家用电冰箱一般都采用全封闭式压缩机，全封闭式压缩机的结构特点是机件全部密封，工艺较复杂。通常只有确定压缩机内部发生故障必须拆修时，才将外壳切开进行修理。

**一、压缩机电动机启动绕组和运行绕组的检测**

封闭式压缩机一般配用单相分相式电动机，它有两个绕组，启动绕组与运行绕组，如图4—3所示。

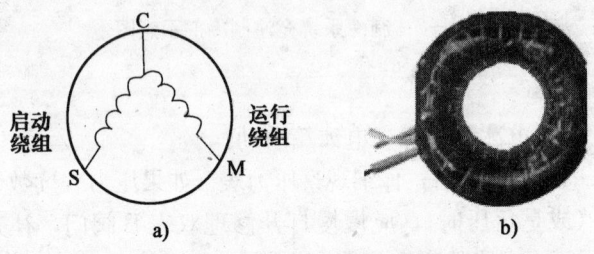

图4—3　压缩机绕组
a）绕组接线图　b）实物照片

电冰箱电动机绕组的电阻值规律是：启动绕组的电阻值大于运行绕组的电阻值，根据这一原则，能很方便地使用万用表分别测量压缩机电机的启动绕组和运行绕组，并能迅速测出两个绕组工作是否正常，作出故障判断。如果在检测中发现运行绕组（或启动绕组）的电阻值远小于规定值时，说明运行绕组（或启动绕组）发生匝间短路。

同理，如果需要检测绕组与主机外壳是否短路，可将万用表两支表笔的一支连接在启动绕组或运行绕组的任一端，另一支连接在主机外壳，用万用表 R×10k 电阻挡测试。如万用表指针指示绝缘电阻值小于 1 MΩ，说明绕组与主机外壳短路，电动机绝缘降低，造成漏电故障。

## 二、压缩机部件检测

压缩机工作时若有异常声，则可能是主机内高压缓冲管破裂、减振弹簧脱落或断裂。

若压缩机运转不停歇，冰箱内不能降温，而制冷系统管路未发现堵塞与泄漏故障，则可能是汽缸磨损或高低压阀片漏气，这时可用压力表测量。如果排气压力较正常时低，则是汽缸磨损或高压阀片漏气；如果回气压力比正常时高，则是低压阀片漏气。

当用万用表测量主机绕组正常（没有出现断路或短路），其他电器部件也没有问题，但压缩机仍不能启动时，则可能是压缩机转子卡住。

## 三、压缩机的拆修

当有必要切开压缩机机壳进行检修时，一般可按以下步骤进行：

1. 首先将制冷系统内的制冷剂全部放掉。
2. 将高压管和低压管从原焊口处割开，并用干净纱布堵住管口，以防污物进入管内。
3. 松开紧固螺栓，将压缩机拆下。
4. 放出压缩机内的润滑油时，要测量油量，作为重注入新油时的参考。
5. 所切切口，要尽量靠近封闭焊接处。
6. 压缩机的拆缸要按顺序，并记清各零件的组合部位。
7. 对拆下来的零件进行逐个检查，如高、低压阀片、阀座、活塞、汽缸、连杆或滑管装置等，若零件损坏严重不能修复时，要进行更换。
8. 检查电动机绕组短路、漏电与断路时，如发现线圈烧毁，要进行重绕。重绕时，要保证线圈数、导线直径和原来的一样。导线和绝缘材料都要选用耐冷冻产品，并与制冷剂不起化学变化。

9. 拆下的零件，可用汽油或煤油清洗干净，擦干后放入烘箱内进行烘干处理。

10. 压缩机必须严格按原有装配位置进行装配，并按拆机时记录的润滑油量注入冷冻油。

11. 压缩机壳焊接后，应进行检漏工作。可在压缩机内充入氮气，检查焊缝处有无漏气。

### 四、压缩机充注冷冻油

电冰箱在检修过程中，有时需要向压缩机充冷冻油。压缩机结构不同，充灌方法也不同。

1. 密闭式压缩机充注冷冻油

用注射器或漏斗从压缩机工艺管注入冷冻油。若压缩机吸、排气管已经割开，可用一塑料软管与吸气管或工艺管相连接，塑料软管另一端插入盛油容器中，启动压缩机将油吸入机壳。这时，如果排气管喷出雾状的冷冻油，可将排气管插入一个容器中。

2. 旋转式压缩机充灌冷冻油

旋转式压缩机排气管接一只复式修理双表阀，复式修理双表阀的一个阀接盛油容器，阀关；另一个阀接真空泵，阀开。启动真空泵，使压缩机内部抽出真空，然后将阀闭，冷冻油因大气压力被压入压缩机内。注意：修理中的密闭式压缩机必须在机壳焊接后才能注油，切勿压缩机带油进行焊接。

# 模块四　电冰箱控制回路的检修

### 一、控制回路的应用

在电冰箱控制回路（即基本电路）中，一般采用重锤式电流型启动继电器和 PTC 启动器来启动电冰箱压缩机。电冰箱这两种控制回路的电路图如图 4—4 所示。

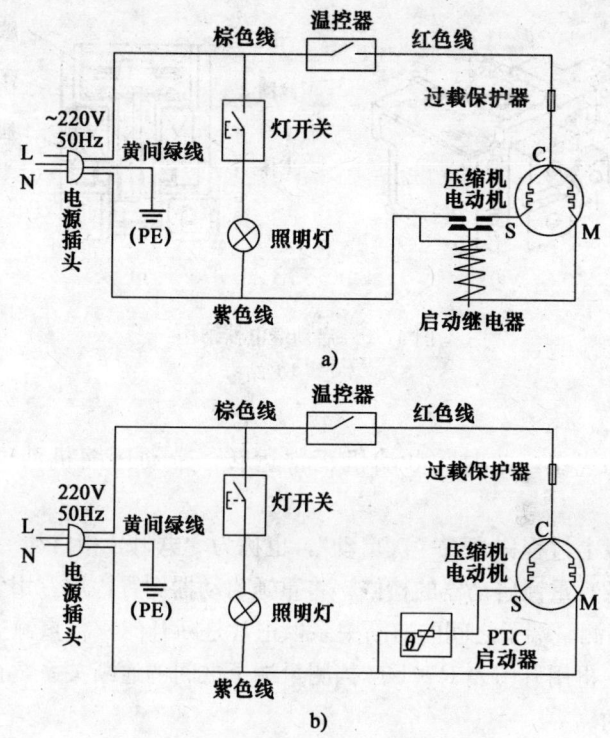

图 4—4 电冰箱两种控制回路的电路
a) 启动继电器 b) PTC 启动器

## 二、控制回路元器件的工作原理和检修

1. 重锤式电流型启动继电器

（1）工作原理。启动继电器的结构如图 4—5 所示。

电源接通时，温度控制器开关也接通，电流流入压缩机电动机的启动绕组（S端）和运行绕组（M端）。此时，启动时的大电流流过启动继电器的电磁线圈上，在电磁力作用下，开关触点闭合接通，电动机启动运转。电流减小时，启动继电器的电磁线圈电磁力减弱，使启动继电器开关触点由闭合接通变为断开，切

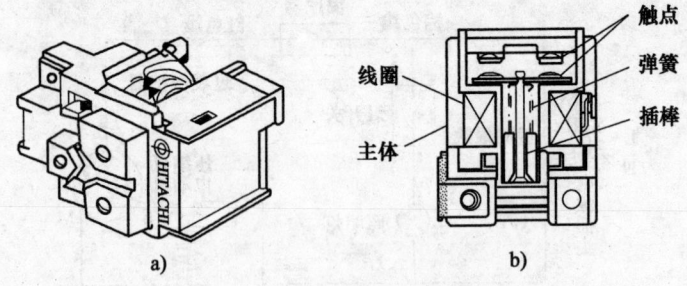

图4—5 启动继电器结构
a) 外形 b) 结构

断启动绕组。此时,电动机正常运转,带动压缩机活塞往返运动。

以上过程称为"一次启动",也称为"电阻分相启动"。

(2) 重锤启动器的检修。将重锤启动器倒置,用万用表 $R \times 1\Omega$ 挡测量端子之间的通断关系,正常是断开的。将重锤启动器翻转,再用万用表 $R \times 1\Omega$ 挡测量端子之间的通断关系,正常是导通的。

2. 正温度系数PTC启动器

(1) 工作原理。PTC启动器结构如图4—6所示。

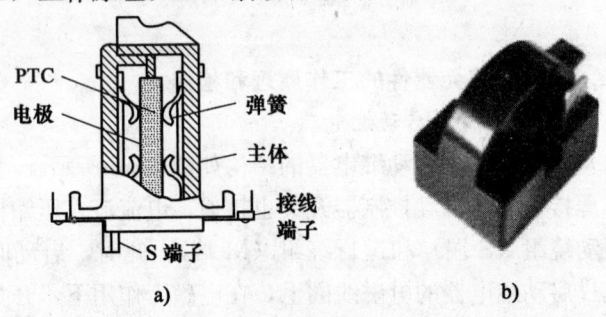

图4—6 PTC启动继电器结构及实物图
a) 结构 b) 实物图

PTC启动器实际是一个正温度系数热敏电阻器。图4—7所示是PTC的电阻—温度特性曲线,可以把高于居里点以上的温度状态视为PTC断开状态,把低于居里点以下的温度状态视为PTC的接通状态。如图4—4b所示,PTC启动器与电动机的启动绕组串接,PTC启动器的启动时间很短,仅为1~2 min。在接通电源以前,PTC的温度低于居里点,阻值很低,一般只有20 Ω左右,此时PTC处于"接通"状态。接通电源的瞬间,电源电压几乎全部加到启动绕组上,电动机启动。此后相当大的电流使PTC热敏电阻本身发热,温度急剧上升。当上升到居里点以上时,PTC热敏电阻进入高阻状态,处于"断开"

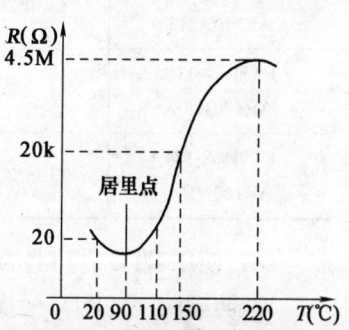

图4—7 PTC热敏电阻的 R—T 特性曲线

状态。而大部分电压反过来加到PTC启动器上,压缩机电动机启动完毕后进入正常运行状态。PTC启动器控制压缩机回路,就是利用电流流入启动电路中的PTC后迅速降到几十毫安左右,使PTC热敏电阻保持高阻状态,切断启动绕组(S端)。

(2)主要参数。目前电冰箱上使用的PTC启动器主要参数如下:

电阻值(25℃):  $R = (22 \pm 4.4)$ Ω;
瓷片耐压(最大):  $U_{耐} = 300$ V;
最大承受电流:  $I_{max} = 7 \sim 8$ A;
工作电流:  $I = 10 \sim 20$ mA。

表4—14所列为压缩机上常用PTC启动器的性能参数。

表4—14　　　常用的PTC启动器的性能参数

| 型号 | 电阻（25℃）（Ω） | 耐压（V） | 最大电流（A） |
|---|---|---|---|
| PTH484-118<br>AR150N250 | (15±30)% | 315 | 8 |
| PTH484-110<br>AR330N315 | (33±30)% | 400 | 7 |
| PTH484-110<br>AR470N400 | (47±30)% | 500 | 7 |
| PTH462-124<br>AR100N160 | (10±30)% | 200 | 8 |

(3) 使用PTC启动器的注意事项

1) 防潮防湿。PTC受潮后，会使电阻值迅速下降，以致失去开关作用。

2) 施加的最高冲击电流和工作电压。不能超过容许值，以免PTC启动器损坏。

(4) PTC启动器的检修。拆开PTC启动器，观察其内部结构及触点之间的关系，用万用表R×1Ω挡分别测量PTC端子之间的通断关系，导通为正常工作状态。

3. 过载保护器继电器

(1) 过载保护器继电器工作原理。在电冰箱控制回路中，加入过载保护继电器（也称为过负荷继电器）以保护电动机。如图4—8所示，过载保护继电器由双金属片和电热器所组成。如果过大的电流流经电动机，电热器就升温，使双金属片受热弯曲，而造成触点脱开，电路断开，以此防止因过大的电流烧坏压缩机电动机。

下面对电冰箱的电压变化进行分析。

在第一次启动的过程中，通入电动机的电流是15～20 A，到了第二次启动之后就降到2～3 A。图4—9所示为启动时电压

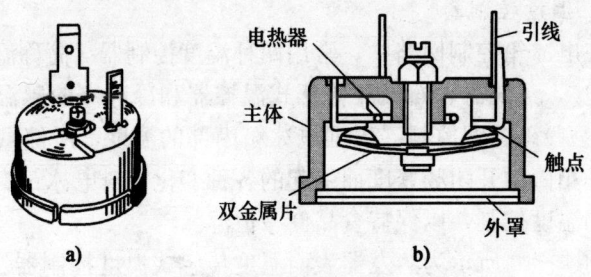

图 4—8 过载保护继电器实物和结构
a）外形 b）结构

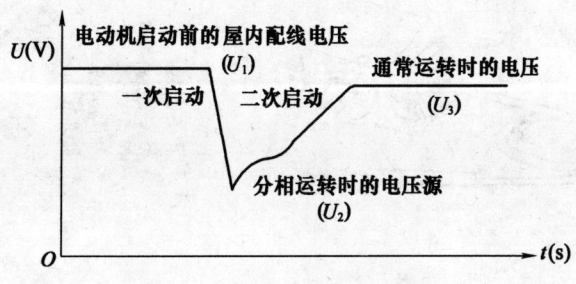

图 4—9 电冰箱启动时的电压变化

的变化。

需要特别注意的是电动机的配线电压 $U_1$，$U_1$ 在第一次启动的瞬间会降到 $U_2$，$U_2$ 是分相运转的电压源。然后，进行第二次启动，电压又恢复到 $U_3$。如果电冰箱启动有困难，需要测定一下 $U_1$ 和 $U_2$ 的电压，如果是容易启动的电冰箱，一次和二次启动时间都在 0.2~0.3 s 以内即可。所以，电压 $U_1$ 和 $U_2$ 有相互密切的联系。要使电冰箱运转正常，流入电动机的电流是 2~3 A，那么，$U_1$、$U_2$ 和 $U_3$ 的电压差应较小。

（2）过载保护器的检修。用万用表 R×1 Ω 挡测量端子之间的通断关系，正常情况下是导通的。

### 4. 温度控制器

在电冰箱控制回路中,常用两种温度控制器(简称温控器或感温包),蒸发器表面温度传感式温控器和冷冻室的感温器(感温雷达型)。温度控制器根据电冰箱内部的温度、所储藏食品的数量和箱门的开闭频繁度而引起的各种变化,对电冰箱内部进行适当的温度控制,以保持食品储藏恒温。

图 4—10 所示为蒸发器表面温度传感式温度控制器。图 4—11 所示为感温雷达型温控器。

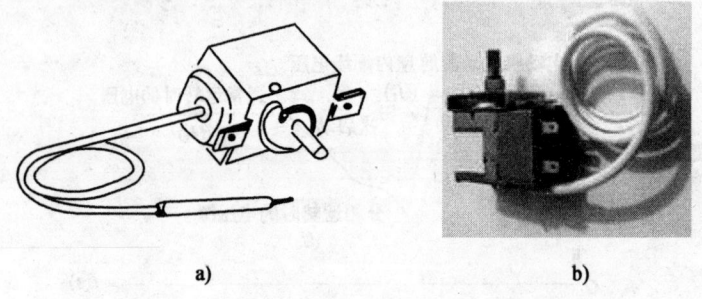

图 4—10 蒸发器表面温度传感式温控器
a)外形 b)实物图

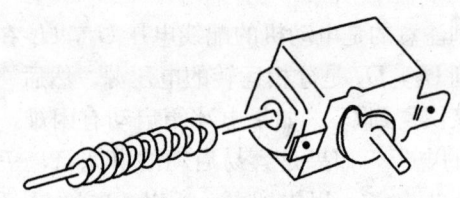

图 4—11 感温雷达型温控器

(1)温控器的结构。电冰箱中所使用的温控器结构示意图如图 4—12 所示。温控器所使用的开关是微型开关,其结构是以绝缘板带动小柄加上压力,可调弹簧用螺钉固定在小柄上。

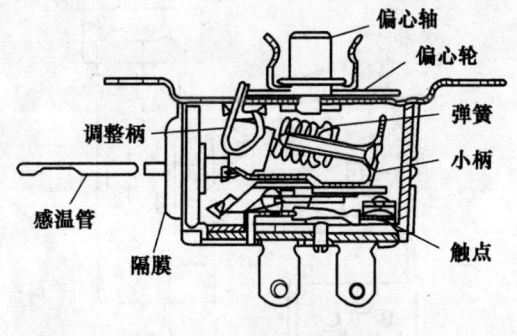

图 4—12 温控器的结构

(2) 温控器端子的判断

1) 双端子的温控器。常温下只需将温控器关闭或打开，然后用万用表测量其通断即可以初步判断其好坏，在实际接线中，将其串入电路即可。

2) 三端子的温控器。在常温下，将温控旋钮逆时针至关闭状态，用万用表 R×1 Ω 挡分别测量各端子之间的通断关系，如 A 端子与其他两端子都不相通，则 A 端子是电源接入端；顺时针方向旋转温控器旋钮，打开温控器，这时各端子之间是接通的，对兰桥型温控器，可用手强制按住温控器上的控杆机构，然后用万用表 R×1 Ω 挡分别量其端子之间的通断关系，如 C 端子与其他两端子相通，说明该端子是接通压缩机端子的。而对于露宫型温控器，可将其放入电冰箱冷冻室，约 30 min，后取出，迅速用万用表 R×1 Ω 挡分别量其端子之间的通断，如果 C 端子与其他两端子不相通，则说明该端子与压缩机相接。

3) 半自动融霜温控器。在常温下或箱内温度大于 5℃ 时，按下中间按钮，用万用表 R×1 Ω 挡分别测量各端子之间的通断关系，温控器应该是断开的；松开中间融霜按钮自动弹出复位，用万用表 R×1 Ω 挡分别测量各端子之间的通断关系，温控器应该是导通的。

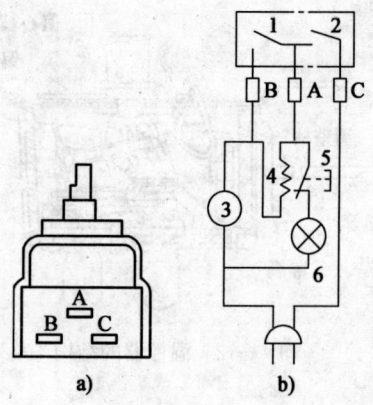

图 4—13 三端子温控器结构及接线示意图
a) 外形　b) 接线
1—强制开关　2—温控开关　3—压缩机
4—补偿加热器　5—灯开关　6—指示灯

(3) 使用温控器的注意事项

1) 温控器的精确调节需用专用仪器；实验室不可用调整螺钉进行调节，以免改变温度特性。

2) 不同型号的小型温度控制器，只要性能参数一致，外形安装尺寸符合要求，即可互换使用。

3) 温控器主体部分应安装在无滴水的地方，感温管尾部与蒸发器的接触部位应在 150 mm 以上。

5. 除霜温控器

蒸发器的温度要比冷藏室内的温度低，因此箱内的空气及食品中的水分就会因对流作用而附着到蒸发器表面形成霜。如果大量的霜附着在蒸发器的表面上，电冰箱内部的冷却效果就会受到影响，为了避免这个问题，必须定期对电冰箱除霜。

(1) 除霜系统

1) 停止循环方式。在融化蒸发器上的冰霜所需要的时间里，让压缩机停止运转。除霜靠外面的热量进行,冰箱内由于霜的融化而被冷却,故不用电力,但除霜需要一段相当长的时间。

2) 热气体方式。在压缩机排气管侧面装有电磁阀,形成一个旁通管。除霜时打开这个电磁阀,从压缩机直接将高温的制冷剂气体送入蒸发器,以制冷剂的热量将霜层融化。这种热气体法可以迅速地除霜,但需消耗电力。

3) 电热器方式。将丝状电热器和蒸发器组合在一起,丝状电热器通电将蒸发器加热除霜。和上述的热气体方式比较,这种电热器方式的优点是热分散恒定。

(2) 除霜操作方法

1) 刻度盘方式。将温控器的刻度盘旋到"DEFROST"处冰箱自动开始除霜,这种除霜方式在电冰箱整个运转期间都可以进行。如果不能进行,是因为将刻度盘旋到"DEFROST"位置时蒸发器的温度在0℃以上,电冰箱虽仍在运转,但蒸发器上无霜,箱内温度约在10℃。该温度比较高,所以仍要把刻度盘旋到除霜完了的挡位。

2) 按钮法(供循环分离、热气体和电热器除霜法用)。按下除霜器的按钮,开始除霜。除霜完毕,在除霜温控器的控制下冰箱自动恢复到原来的冷却运转状态,不必像刻度盘那样复位。此外,还有在除霜温控器的中间装上除霜按钮、在电冰箱内部温度温控器装刻度盘等形式。

3) 定时器法(供电热器和热气体除霜用)。除霜开始时定时器(同步电动机)工作。重新开始冷却运转则由定时器(对准一定的除霜时间)或除霜温控器的动作而动作。这种定时器有两种:一种是固定式定时器,它被设计成为每隔 8~24 h 除霜一次;另一种是集中定时器,即预先决定电冰箱的累计运转时间,时间到后就自动开始除霜。

现仅介绍电冰箱按钮式、刻度盘操作式除霜定时器和除霜温控器。

(3) 除霜定时器。其结构如图 4—14 所示。

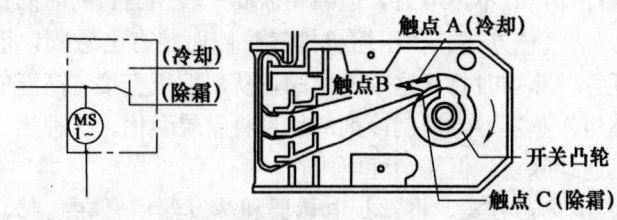

图 4—14　除霜定时器结构

定时器安装在同步电动机上，经过减速齿轮直接连接在开关凸轮上，使动触点在开关凸轮上滑动，形成某种旋转角度时，接点就接通，给除霜电路通电。

冷却运转时，触点 A、B 点在大凸轮外周滑动，C 触点在小凸轮的外周滑动。当定时器运转，凸轮一旋转到图 4—14 的位置，弹簧长度短的 B 触点就从大凸轮的凸处脱落，转换到 C 触点上，进入除霜状态，这时定时器就停止。

除霜完毕，除霜温控器进行动作，定时器再开始运转，大约 5～7 min 后，C 触点从小凸轮的凸出部脱落。同时，A 触点也从大凸轮的凸出部脱落，B 触点和 C 触点分离，接着 A 触点与 B 触点相接触，进入冷却运转状态。

(4) 除霜温控器。双金属片温控器如图 4—15 所示。

除霜温控器安装在蒸发器的侧面，在冷却运转中，触点是接触的。定时器进行动作，变换成除霜电路。电流通过除霜温控器，流经到除霜加热器，进行蒸发器的除霜。除霜终止，蒸发器的温度上升，当蒸发温度上升到 8～14℃，除霜温控器监测温度触点就断开，停止向除霜加热器通

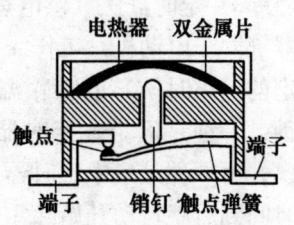

图 4—15　双金属片温控器

电,同时进入定时器运转→冷却运转的状态。

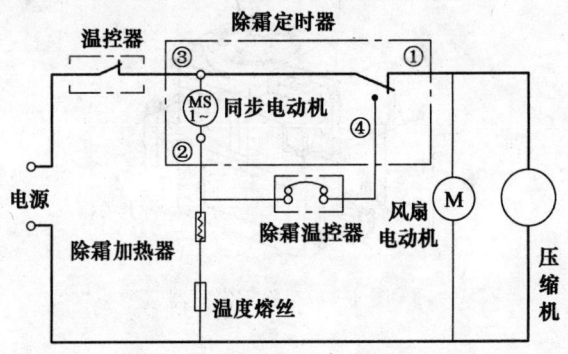

图 4—16 定时器式除箱电路图

定时器式除霜的电路如图 4—16 所示,其动作如下:

1) 冷却运转。压缩机与风扇电动机都在粗线所示的电路中,也就是进行制冷,这时定时器通过除霜加热器电路工作。注意:除霜加热器和定时器是串联的。但由于定时器的电阻大,因此除霜器加热器上几乎不存在电压,除霜加热器也就不发热。

2) 除霜。定时器运转达到 8 h (50 Hz)(60 Hz 为 6 h 40 min),定时器的触点从①变换成为④,压缩机停止运转。与此同时,通过除霜温控器给除霜加热器通电,进行蒸发器的除霜。这时,定时器与压缩机及风扇电动机电路断开,故停止运转。

3) 除霜完毕。通过除霜加热器的发热,蒸发器的除霜一旦完毕,除霜温控器就传感温度,并断开。同时,除霜加热器停止加热,定时器开始工作。约过 7 min 后,通过定时器凸轮,触点从④变换成①,并开始冷却运转。这时,除霜温控器的触点是断开的,通过冷却运转,蒸发器的温度达到 $-5℃$ 时,除霜温控器的触点就接触,回到正常的冷却运转回路。除霜定时器结构如图 4—17 所示。除霜定时器外部端子判别和操作步骤如下:

①顺时针方向转动除霜定时器的手动旋钮,使其位置停留在

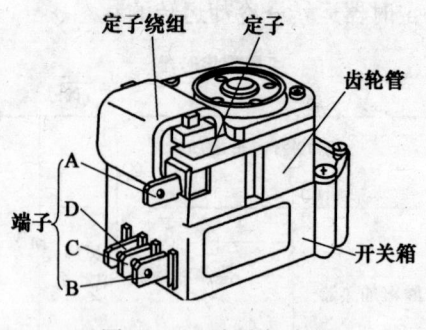

图4—17 除霜定时器

压缩机接通工作位置。

②将万用表调至 R×1 000 Ω 挡,用表笔分别测量其中两端子之间的阻值,即 $R_{AB}$、$R_{AC}$、$R_{AD}$、$R_{BC}$、$R_{BD}$、$R_{CD}$,若其中 $R_{AD}$、$R_{BD}$、$R_{CD}$ 均为无穷大,$R_{BC}$ 为零,$R_{AB}$、$R_{AC}$ 阻值约为 2 000 Ω 左右,则说明 D 端子是除霜端子。

③顺时针方向旋转除霜定时器的手动旋钮,使其位置停留在除霜位置。

④重新用万用表测量各端子之间的阻值,即 $R_{AB}$、$R_{AC}$、$R_{AD}$、$R_{BC}$、$R_{BD}$、$R_{CD}$,此时若 $R_{AB}$、$R_{BC}$、$R_{BD}$ 为无穷大,$R_{CD}$ 为零,$R_{AC}$、$R_{AD}$ 阻值约为 7 000 Ω 左右,则说明 B 端子是接通压缩机端子,而 C 端子为移动端子,A 端子是电源端子。

(5) 除霜定时器操作的注意事项

1) 除霜定时器的除霜电动机阻值较大,约为 7 000 Ω,在测量过程中应注意将万用表调至 R×1 000 Ω 挡,以免造成错误判断。

2) 除霜定时器的手动旋钮应顺时针方向转动,不可逆时针方向转动,以免损坏设备。若旋转过程中不小心旋过位置,应继续顺时针方向旋转。

3) 除霜定时器在压缩机接通工作位置时间长、旋转角度大,而除霜位置时间短、旋转角度小,旋转过程中应加以区别。

4) 对Ⅰ型除霜定时器可以用同样方法进行判断,此时 A 端子为电源端子,B 为接通压缩机端子,C 为除霜端子,D 为移动端子。

**6. 超热熔断器**

超热熔断器结构如图 4—18 所示。如果除霜温控器失灵,除霜电热器继续在加温的话,箱内的温度会急速上升。所以必须要在内胆或其他东西受热破坏之前将电源断开。为此,应在蒸发器上装有熔断器,它可在温度未到达 76℃(也有 91℃)之前熔丝熔断。

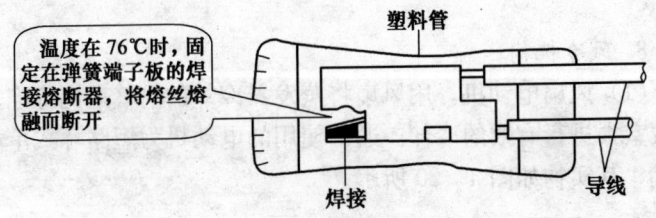

图 4—18 超热熔断器的结构

**7. 各种加热器**

电冰箱中常用的加热器有除霜加热器和排水加热器,其实物如图 4—19 所示。

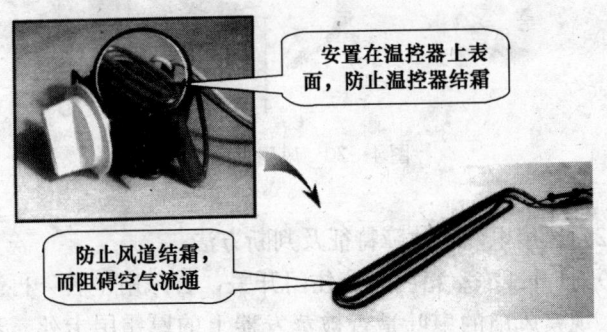

图 4—19 加热器

(1) 除霜加热器。除霜加热器插入于蒸发器的管子之中,通过除霜温控器的动作进行通电,并从内部加热蒸发器,用以迅速地融化冰霜。

(2) 排水加热器。排水加热器安装于隔壁的落水槽中,通过除霜温控器的动作,进行除霜和防止结冰。

(3) 除霜加热器的检修。判断除霜加热器是否有问题,可先切断电源,打开冷冻室后栅板,拔掉左右两旁加热器,测量插头的电阻值。因霜加热器串有降压二极管,其工作电压 155 V,阻值大多约为 190 Ω,霜加热器正常阻值为 300 Ω,额定电压 220 V。

8. 风冷机构

(1) 风扇电动机。用风扇将蒸发器冷却的空气送到冷冻室和冷藏室去进行有效的冷却。通常使用的电动机为短路环式单相电动机,其实物如图 4—20 所示。

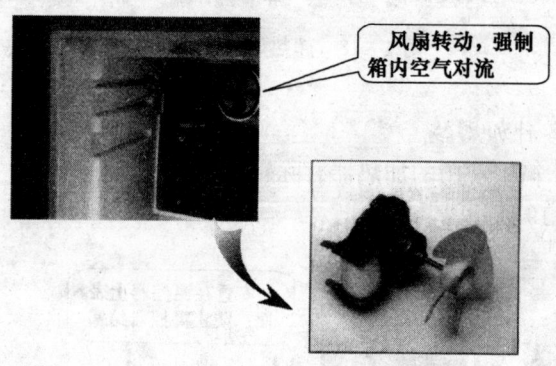

图 4—20 风扇电动机

(2) 风扇电动机故障特征及判断方法

1) 打开冷冻室箱门,按住门开关,若风扇不转,再卸下后栅板。观察风扇的扇叶是否被蒸发器上的厚霜层卡死。若被卡死,则是化霜装置有问题。对此,只要排除了化霜系统的故障,冷气循环自然会恢复正常。

2）若不是化霜系统的问题，再用手拨动风扇扇叶看其转动是否灵活。如转动灵活，停电后拔下电动机插头，用万用表的 R×10 Ω 挡，测电动机绕组电阻值（正常值多为 300～500 Ω）。若电动机绕组两接线端子间阻值呈 ∞，则可能是绕组已烧毁，或是熔断器熔断。

3）将电动机拆下来，轻轻解开绕组表面的绝缘层，分别检查超温熔断器和检测绕组的电阻值。若熔断器已熔断而绕组电阻基本正常，则只要更换新的熔断器即可；若绕组的电阻相差较大，则说明电动机本身有问题。

# 第五单元　电冰箱检修实例

## 一、电冰箱压缩机维修实例

[检修实例1]　压缩机线性余隙过大，使压缩机运转不停，电冰箱制冷不良。

(1) 故障现象。某台日本日立公司 VMN107AR 型压缩机，经检修后连接电冰箱制冷系统，充注制冷剂后调试，经过5个多小时观察，发现压缩机运转不停，冷藏室温度偏高，冷冻室不结冰，回气管不凉，修理双表阀的真空压力表压力为 0.095 MPa。

(2) 故障原因。压缩机能正常启动、运行，箱温不正常，说明故障可能出在制冷系统上。制冷系统故障有制冷剂泄漏、毛细管或干燥过滤器堵塞、压缩机故障等。由于在试运行时，修理双表阀的真空压力表压力为 0.095 MPa，压力还较高，因此毛细管、干燥过滤器不可能堵塞，制冷剂无泄漏，可初步判断为压缩机故障。经询问，原压缩机吸气阀片损坏，市场上没有配套阀片供应，维修人员用钢片自制阀片，但该阀片比原阀片稍厚。根据这种情况可以判断，故障的原因是由于吸气阀片厚度增加引起的。该压缩机采用曲柄滑管式压缩，其吸气阀片装在阀板与汽缸之间，若吸气阀片厚度增加，上活塞在上死点时活塞顶部与阀板之间的线性距离增大，即线性余隙增大，压缩机输气量减少，制冷量下降，使箱温降不下来。

(3) 故障排除。用户与检修人员认为，压缩机已使用多年，还是换一台新的压缩机为好。把同型号、同规格的新的压缩机装上制冷系统后，经压力检漏、抽真空、充灌制冷剂，电冰箱恢复正常工作。

[检修实例 2] 压缩机阀片积炭，引起电冰箱不制冷。

(1) 故障现象。某台日本日立牌 R-165FH 型双门直冷冻式电冰箱，打开冷藏室箱门发现箱内不凉，继而打开冷冻箱门，发现食品解冻，蒸发器不结霜，仅凝露。压缩机长时间运转不停机，排气管与机壳烫手。冷凝器不热，干燥过滤器不凉。

(2) 故障原因。从故障现象可知，电冰箱从正常使用到不制冷，故障可能出在制冷系统上。于是割断工艺管，有大量气流喷出，说明制冷系统不漏。而在工艺管接修理双表阀后，充注制冷剂至 0.2 MPa 左右，关制冷剂钢瓶阀和修理双表阀，启动压缩机，其故障依然存在。修理双表阀真空压力表压力下降、活塞与汽缸磨损后间隙变大、高压缓冲管断裂、汽缸垫片或阀座垫片中筋断裂等都会使压缩机失去吸、排气能力，说明排气阀故障。于是烤化吸、排气管焊缝，将压缩机从制冷系统上拆下，剖开机壳，取下阀板，发现排气阀烧黑。取出积满炭黑的排气阀片，发现其密封面有油污，并有明显的磨损痕迹。这是由于压缩机排气温度过高，甚至超过冷冻油闪点，冷冻油炭化，使排气阀片积炭，导致阀片密封面磨损而泄漏。

(3) 故障排除。研磨排气阀片合格后，装上阀片进行密封性试验，合格后再按［检修实例 1］处理，电冰箱恢复正常工作。

[检修实例 3] 压缩机卡缸，使压缩机不能启动、运转。

(1) 故障现象。某台海河牌 200 升电冰箱，长期不用后继续使用时，但通电后压缩机不转，发出"嗡嗡"声。用钳型交流电流表测电源线电流，输入电流很大。拔掉电源插头后，用万用表电阻挡测量压缩机电动机绕阻，阻值正常。

(2) 故障原因。这种情况绝大多数是压缩机"咬煞"所致。压缩机"咬煞"是指压缩机运动件的摩擦表面互相抱住而不能运动。要确定咬合的部位，只有拆下压缩机检查检查。拆卸时，若发现某摩擦副拆不下来，又转不动，那肯定是"咬煞"，但有些压缩机的活塞销与活塞销座是过渡配合，不要把它误为"咬煞"。

"咬煞"可分为"抱轴"与"卡缸"两类。压缩机抱轴指轴与轴承抱死,轴不能转动,其主要原因是断油,轴承得不到润滑油引起。"卡缸"是指活塞在汽缸中"卡死"而不能运动,卡缸主要是锈蚀引起的。由于断油而卡缸的情况很少见,其原因是汽缸散热条件好,壁面受力比主轴承小,压缩机少油或断油后,制冷剂中溶有的冷冻油多少可以起到一些润滑汽缸镜面的作用。压缩机锈蚀是电冰箱长期搁置不用且又维护不当,有潮气侵入的情况下发生的。

(3) 故障排除

1) 压缩机出现"咬煞"故障后,先不要急于拆开压缩机,可用木锤在压缩机机壳顶部凸出部位轻轻敲打。一般压缩机的活塞与汽缸和压缩机机壳顶部在一直线上,这样敲打可使活塞产生"座力",使活塞与汽缸松动并吻合。然后再敲打压缩机顶部中心和周围,使曲轴与润滑管回到原来的部位,使压缩机能正常运转。每次敲打后都要通电试机,看压缩机是否运转。运转后,还要倾听压缩机运转声是否正常,如果听到活塞与汽缸有干摩擦声音,说明压缩机汽缸油或吸管不通,这种情况应剖开机壳检修润滑系统。

2) 冰箱压缩机经敲打后故障仍不能排除,需把压缩机从制冷系统上拆下,剖开机壳,将机芯取出。卸下电动机,用手转动转子若不能转动,则判断为锈蚀严重。

①活塞锈蚀卡缸应先设法扳动活塞。

②先在汽缸壁上浇些煤油,让它渗透到锈缝中去,等一段时间后,用木棒一端轻轻敲击活塞顶面,松动后扳动曲轴,使活塞上下移动几下,再拆下汽缸体及活塞。

③用 C00 号砂纸轻轻地擦去活塞外圆柱面与汽缸镜面的锈蚀,再用汽油清洗后擦干,测量汽缸与活塞的配合间隙,尚未超出许可范围为合格。

④再用经验方法检查活塞与汽缸的密封性,如基本符合要

求,活塞可继续使用。

⑤压缩机修复后进行排气效率实验,然后检漏,装上制冷系统,制冷系统再经检漏、抽真空、充注制冷剂、封口,电冰箱恢复正常工作。

[检修实例4] 压缩机活塞与汽缸配合间隙过大,引起电冰箱制冷效果差,压缩机运转不停。

(1) 故障现象。某台容声牌BYD-103A型电冰箱,多年使用后更换过温控器,一段时间制冷效果明显下降,近来箱内很冷,一般主要由温控器故障引起。若箱内有冷度,但箱温达不到额定值,则引起故障的原因就很复杂;若箱内不冷,一定是制冷系统的故障。经测试,电冰箱冷藏室温度为15℃,由此可知,冰箱压缩机运转不停是由于箱温达不到额定值引起的。

(2) 故障原因。箱温降不下来的原因有蒸发器霜层太厚、箱内食品太多、箱门关闭灯仍然亮着、门封不严、干燥过滤器或毛细管部分堵塞、制冷系统微漏、压缩机效率下降等。经现场观察与测试判断,排除其他因素后,原因确定为毛细管部分堵塞、制冷系统微漏或压缩机效率下降。因此,决定割断压缩机工艺管,泄放制冷剂,然后在工艺管装接修理双表阀和氮气瓶,在制冷系统灌制冷剂至0.2 MPa。启动压缩机,修理双表阀真空压力表力为0.05 MPa,没有呈真空,说明毛细管没有堵塞。因此,基本上可判断箱温降不下来是由于压缩机效率降低引起的。割断压缩机吸、排气管,启动压缩机,用大拇指按住吸气管,感到吸力不大;再用大拇指按住排气管,感到压力也不大,由此可证实故障是由于压缩机效率降低引起的。

(3) 故障排除

1) 剖开压缩机机壳,拿掉上壳,用一张厚纸遮挡压缩机后面。

2) 启动压缩机,发现有大量冷冻油从活塞与汽缸之间间隙喷出,说明活塞与汽缸配合间隙过大。

3)拆机测量,活塞与汽缸间的间隙超过允许值。

4)重新选配一个活塞装机后,电冰箱恢复正常。

[检修实例5] 压缩机减振弹簧脱位,电冰箱运行中有不正常响声。

(1)故障现象。某台万宝牌 BY-173 型的电冰箱,制冷效果很好,但压缩机振动发出"轰轰"的响声。

(2)故障原因。根据故障现象可知,"轰轰"声是由压缩机内减振弹簧断裂或脱位引起的。用手扶着向四方倾斜电冰箱,当向右方倾斜 30°时,响声消失,说明减振弹簧没有断裂,而是脱位。

(3)故障排除

1)该电冰箱压缩机用的是减振座簧,因此,可用倾斜压缩机的办法修复。

2)将压缩机左边减振橡胶垫高 4 cm,电冰箱恢复正常工作。

[检修实例6] 压缩机汽缸与活塞配合间隙过大,引起排气管滴油。

(1)故障现象。某台日本日立 R-165HF 型电冰箱拆机检修,观察压缩机运转时,发现排气管口连续滴油。

(2)故障原因。正常情况下,密闭式压缩机排气管不排油或只有极少量的油排出。排气管口连续滴油可能是由于活塞与汽缸的间隙过大,汽缸窜油,冷冻油随压缩机体排出排气管引起。启动压缩机,用简易的方法对压缩机效率进行检验,发现其效率下降。

(3)故障排除

1)剖开压缩机,启动压缩机,发现少量冷冻油从汽缸与活塞之间的间隙冒出。

2)再用经验方法检验汽缸与活塞的密封性,说明密封性已不合格。

3) 重新选配活塞,经磨合运转后装复,压缩机运转正常。

[检修实例7] 压缩机机壳焊缝泄露,引起电冰箱不制冷,压缩机运转不停。

(1) 故障现象。某台雪花牌150升电冰箱检修后,使用一段时间发现制冷效果下降,蒸发器一部分结霜,一部分不结霜,箱温达不到要求,压缩机运转不停。用手沿压缩机机壳焊缝摸抚,发现有油污,则怀疑有泄露。

(2) 故障原因。根据故障现象,可初步认定是由于制冷剂从压缩机焊缝处泄露,使电冰箱制冷效果下降。为确定泄露部位,割断压缩机工艺管,发现制冷剂喷出量不多,可证实确是制冷剂泄露。在工艺管接上修理双表阀与氮气瓶,充氮气1.2 MPa,用肥皂水涂抹所有焊缝处,发现压缩机上、下壳焊缝处有小气泡连续冒出,在泄露处做好记号。

(3) 故障排除。割断或烤化压缩机吸、排气管焊接处,把压缩机从制冷系统上拆下,倒出机壳内的冷冻油,为泄露的焊缝进行补焊。补焊时可以在原焊口渗漏处用锉刀锉平整,或用手提砂轮机磨平,再用酒精擦洗焊缝周围,施以电焊焊补。压缩机修后进行检漏试验,合格后装复,电冰箱恢复正常工作。

[检修实例8] 压缩机吸气管微漏,电冰箱温度降不到规定温度,引起压缩机不停机。

(1) 故障现象。某台万宝牌BCD-158型双门直冷式电冰箱,用了半年突然出现压缩机不停机。打开冷冻室的箱门,有冷气喷出,用温度计测量箱温,冷冻温度仅-12℃,冷藏室温度为16℃。

(2) 故障原因。由于双门直冷式电冰箱温控器在冷藏室,冷藏室温度降不到规定值,温控器感温腔内的压力相当高,动触头不能脱离静触头,引起不停机故障。经检查发现压缩机吸气管焊缝有微漏,引起箱温降不到规定值。

(3) 故障排除

1) 割断工艺管，倒出制冷剂，在吸气管焊缝处补漏。

2) 在工艺管接上修理双表阀，充氮气检漏、抽真空、充注制冷剂。

3) 当箱温达到规定值后，在温控器的作用下压缩机能自动启、停，正常工作。

**二、冷凝器故障检修实例**

[检修实例1] 冷凝器传热管内存油太多，造成电冰箱制冷效果差，压缩机不停机。

(1) 故障现象。某台新维修好的压缩机装上日立 R-165FH 型电冰箱制冷系统后，经试运转，冷凝器表面过热，箱温降不到规定温度，压缩机运转声沉重，不停机。

(2) 故障原因。经检查，该电冰箱冷凝器外侧很干净。电冰箱刚用两年，传热管内侧油垢的可能性很少。因此，可能是冷凝器的制冷剂通道不畅通，使压缩机排气压力升高；而排气温度和冷凝器的制冷剂通道不畅通，使压缩机排气压力、排气温度和冷凝温度均升高，导致冷凝器过热，箱温降不下，从而使压缩机负荷大，运转声沉重。经了解，这台压缩机在修理过程中，检修人员向机壳内加入过量冷冻油，怀疑冷冻油加的过量，使冷凝器内存油太多，既阻塞制冷剂通道，又使冷凝器传热性能变差。

(3) 故障排除。用氮气吹除冷凝器内的积油，吹除方法如下：

1) 烤化冷凝器与压缩机排气口焊接缝及冷凝器与干燥过滤器焊接的焊缝。

2) 用塞子堵住干燥过滤器的进口端和压缩机的排气口。

3) 在冷凝器进气端接入修理双表阀与氮气钢瓶，打开修理双表阀与氮气钢瓶阀，调整钢瓶上的减压阀。

4) 向冷凝器吹氮气，若白纸上有油渍，说明传热管内还有污油，直吹至白纸上不出现油污为止。

5) 吹除结束，把冷凝器与压缩机和干燥过滤器焊好，对制冷系统进行试压检漏、抽真空、充注制冷剂，电冰箱工作恢复正常。

[检修实例2] 冷凝器微漏，引起电冰箱不制冷。

(1) 故障现象。某台水仙花牌LB-80型单门电冰箱，使用一年后不制冷，但压缩机能启动及运行。

(2) 故障原因。电冰箱不制冷可从漏、堵、冻及压缩机故障等方面检查。外观察看及用手摸抚焊缝、接头均未见油迹；割断压缩机工艺管没有气流喷出，说明有泄漏。在工艺管接上修理双表阀和制冷剂钢瓶，充入制冷剂至0.58 MPa，用肥皂水或卤素检漏灯检漏，未发现漏点。放掉制冷剂，重新充注制冷剂约0.2 MPa，重复2次，启动压缩机，修理双表阀真空压力表压力降至0.06 MPa，蒸发器会结霜，箱温也能降下来，说明制冷系统不堵、不冻，压缩机也无故障，但一天后又不制冷，看来故障还是出在"漏"上。烤化压缩机吸气口焊缝和毛细管与干燥过滤器焊缝，取出蒸发器和压缩机，把整个制冷系统浸泡在水箱内，充灌制冷剂至0.58 MPa，仔细观察从水内冒出的气泡，发现百叶窗式冷凝器第二排传热管右侧，从百叶窗板与传热管的缝隙中冒出一个极小的气泡，隔一段时间又冒出一个，1 h冒出4次，可以确定故障就出在这个漏点上。

(3) 故障排除

1) 撬开冷凝器第二排传热管，发现漏点处管道是对焊的。

2) 割掉漏点前后一小段管道，用套接法，取一段新管道把冷凝器两段连接起来。焊好后对制冷系统检漏，没有气泡冒出。

3) 烤化压缩机吸气口焊缝和毛细管与干燥过滤器焊缝，把毛细管、吸气管穿过箱体后，蒸发器固定在箱内，冷凝器、压缩机等部件也固定回原位。

4) 对压缩机吸气口与吸气管、毛细管与干燥过滤器进行银焊。

5) 制冷系统抽真空、充灌制冷剂。电冰箱恢复正常工作。

[检修实例 3] 冷凝器通风不良,使压缩机运转不停。

(1) 故障现象。某台万宝牌 BYD-158 型外露式冷凝器电冰箱,原来使用正常,盛夏季节来临后冷凝器表面烫手,压缩机运转不停。

(2) 故障原因。压缩机运转不停是一种故障,必须及时排除,可通过测定箱温来引起这种故障的原因。经测定冷藏室温度为 11.5℃,高于电冰箱正常工作的温度,因此故障不是由温控器故障引起的。引起箱温达不到要求的可能原因有:蒸发器霜层厚、箱内食品太多、门封不严、照明灯不灭、环境温度太高以及制冷系统故障等。经现场检查发现,电冰箱置于房间死角位置,不通风,且盛夏室内温度很高。外露式冷凝器是靠空气自然对流冷却的,空气不流通,室温又高,冷凝器散热效率极差,导致冷凝器表面过热、制冷效果下降、箱体温度降不下来,出现不停机故障。

(3) 故障排除。把电冰箱移置于通风良好、室内温度较低的地方,注意使冷凝器与墙壁之间距离大于 10 cm,电冰箱工作正常。

### 三、蒸发器故障检修实例

[检修实例 1] 不锈钢板式蒸发器的更换。

(1) 故障现象。某台海河牌单门电冰箱,不制冷,压缩机运转 5 min 后排气管与冷凝器还不热,蒸发器有空气流动的"吱吱"声。

(2) 故障原因。不制冷,压缩机运转后排气管和冷凝器都不热,这是制冷系统故障。正常情况下,蒸发器有流水声,若没有声音表明制冷系统没有循环,则可能漏、堵或压缩机有故障。这台电冰箱的特殊现象是压缩机运转时蒸发器有"吱吱"的气流声,据此判断为蒸发器泄漏。为进一步判断故障部位,割断压缩机工艺管,没有气流喷出。在工艺管接上修理双表阀和氮气钢瓶,向制冷系统充氮气 1.2 MPa,用肥皂水检漏,发现蒸发器有

5 个漏点，其他部件未见漏点，故障确定为蒸发器泄露。

(3) 故障排除。该电冰箱采用不锈钢板式蒸发器，由于蒸发器漏点太多，不宜用补漏方法修复，决定更换蒸发器。更换时，先把制冷系统氮气放掉，烤化压缩机吸气口与吸气管的焊缝、毛细管与干燥过滤器的焊缝。

1) 单门电冰箱板式蒸发器采用 4 个塑料螺钉悬吊在箱体内侧上部，与箱体内壳没有接触，部分毛细管与回气管盘旋在蒸发器与箱体内胆之间的空间。旋松 4 个塑料螺钉，蒸发器、毛细管和吸气管就可从冰箱内拿出来。然后烤化毛细管、吸气管与蒸发器连接的焊缝，取下蒸发器，换上新的蒸发器。不锈钢蒸发器可用铝蒸发器取代，但新、旧蒸发器传热面积要相当，尺寸要与箱体相配。

2) 由于铜、铝或者铜、不锈钢焊接较困难，而毛细管与压缩机吸气管都是紫铜管，因此，板式蒸发器进出口管为铜管，其毛细管或吸气管连接时可施加银焊、铜焊，甚至锡焊。蒸发器与毛细管、吸气管焊接后，两根管穿过箱体由引到箱体外，把多余的管段盘旋在蒸发器顶板上，再用 4 个塑料螺钉把蒸发器固定在箱内。

3) 毛细管另一端与干燥过滤器、吸气管与压缩机焊好，对制冷系统试压检漏、抽真空、充灌制冷剂，电冰箱恢复正常工作。

(4) 注意事项。蒸发器更换、焊接时要注意以下几点：

1) 应将对接的铜管进行退火处理，并对焊接处用粗砂布进行纵向砂磨，以清除氧化物和便于焊料的流动。相接铜管之间应有 0.05~0.15 mm 的间隙，以便于焊料渗入，保证焊接强度。银焊或铜焊时，焊接火力应强，但火焰不能直接喷到铜、铝接头的焊缝处，为此可用湿布包好铜、铝焊缝。

2) 焊毛细管时，应先加热蒸发器进口接管头，其在呈暗红色时插入毛细管，毛细管插入长度约为 20 mm，并立即加焊剂和焊料,待焊料填满接口时立即移去火焰,以免加热温度过高使毛细管退火软化而影响强度。

3) 焊完必须待接头冷却后,方可对管道进行整形,在焊接处 1 cm 内不宜弯曲。焊接完毕应清除焊剂,否则焊剂遇水会腐蚀铝管而造成泄漏。

[检修实例 2] 铝板式蒸发器铜、铝接头焊缝泄漏,使电冰箱工作不正常。

(1) 故障现象。某台雪花牌 LBJ4-6 型 200 L 单门电冰箱使用多年后,制冷效果变差,压缩机运转时间变长,停机时间缩短,蒸发器部分不结霜。

(2) 故障原因。根据故障现象,检查箱门密封性、照明灯、温控器都正常,初步判断故障原因可能为制冷系统微漏、微堵或压缩机效率下降。用卤素检漏灯检查箱背下面各连接处焊缝,未发现漏点。打开箱门察看,未见异常情况。取出蒸发器下面的塑料接水盘,发现融霜水面有油迹,进而详细察看,接水盘上方蒸发器连接管焊缝却有明显油迹。旋下固定蒸发器的 4 个螺钉,取出蒸发器,用卤素检漏灯检查有油迹的铜、铝焊缝时发现漏点。割断压缩机工艺管虽有气流喷出,但喷射时间短,说明由于微漏使制冷系统的制冷剂大为减少,致使电冰箱制冷效果变差。

(3) 故障排除

1) 铜、铝接头焊缝泄漏最好是更换蒸发器,但市场上缺货,于是决定用黏接法修复。由于铜、铝接头没有断裂,只是泄漏,可烤化蒸发器与吸气管接头修复。对于铜、铝接头焊缝,用零号砂纸打磨铜、铝焊缝,并准备一段紫铜管,用汽油或酒精擦焊缝与铜管。

2) CX212 胶黏剂、JC-311 胶黏剂、盘石牌 302 强力环氧胶都可用于黏接铜、铝焊缝。胶黏剂按说明书充分调匀后,先把漏孔涂平。然后把铜管套入铜、铝焊缝,从铜管与蒸发器的铜、铝管缝隙挤入胶黏剂,以填满为好。

3) 待胶黏剂固化后把蒸发器与吸气管接头焊好，把蒸发器固定在箱体内。

4) 在压缩机工艺管接修理双表阀，制冷系统试压检漏、抽真空、充灌制冷剂，电冰箱恢复正常工作。

(4) 注意事项。铜、铝接头焊缝泄漏还可用下述方法黏接：用砂纸打磨焊缝，并用汽油或酒精清洗后，用硬质纸或青壳或铜丝紧扎在铝管上，以免胶黏剂漏出。然后在斗型纸套的另一端注入调配好的胶黏剂，经 24 h 固化后，把蒸发器装回制冷剂体统。

[检修实例 3] 蒸发器局部不畅通，使压缩机开机时间变长。

(1) 故障现象。某台日立 R-165 型的电冰箱使用两年后，压缩机开机时间明显增长，板式蒸发器几道通道的局部区域霜层尤为浓厚，而邻近的区域却不结霜或结薄霜。

(2) 故障原因。电冰箱正常运行时，整个蒸发器均匀结霜，若蒸发器通道不畅通，在阻塞点产生制冷剂节流，即在阻塞点前端制冷剂压力较高，温度也较高，这一部分区域不结霜或结薄霜；阻塞点后端压力低，温度低，这一部分区域结霜浓厚。因此，该故障可以肯定是蒸发器局部不畅通形成的。

(3) 故障排除

1) 蒸发器通道中积存的油污、脏物或水分等冻结在通道中，使其不畅通。若不影响正常使用，可不予处理；若电冰箱制冷效果明显下降、压缩机不停机等，则应进行吹除。对于双门直冷式电冰箱，应在箱体后面开背。吹除前割断压缩机工艺管，放出制冷剂。

2) 烤化冷冻室蒸发器与吸气管、冷藏室蒸发器连接管的焊缝，在冷冻室蒸发器进口管焊一段 $\phi 6 \text{ mm} \times 1 \text{ mm}$ 紫铜管，并接修理双表阀与氮气瓶。当蒸发器表面温度回升到接近常温时，用压力为 0.2~0.6 MPa 的氮气吹除。

蒸发器有阻塞点，吹出的气体压力较低，气体排空声音较小；若蒸发器吹通了，吹出的气体压力较高、气体排空噪声很大。

3）蒸发器阻塞排除后，拆下修理双表阀与氮气瓶，把接管焊好，制冷系统经检漏、抽真空、充灌制冷剂，电冰箱工作正常。

(4) 注意事项。若用氮气吹除无效，应更换蒸发器。

### 四、毛细管故障检修实例

[**检修实例 1**] 毛细管堵塞，使电冰箱制冷效果变差。

(1) 故障现象。某台日立 R-165 型电冰箱的压缩机能启动、运行，但排气管与冷凝器微热，冷冻室冰凉但不结霜，蒸发器无明显流水声，输出电流小于额定电流。

(2) 故障原因。电冰箱制冷效果明显下降，这是制冷系统故障。割断压缩机工艺管，有大量气流喷出，表明制冷系统无漏。输入电流较小，表明压缩机出现机械故障的可能性较小，初步判断为制冷系统堵塞。在工艺管接上修理双表阀和制冷剂钢瓶，充注制冷剂约 0.2 MPa，关钢瓶阀和修理双表阀。启动压缩机试运转，修理双表阀真空压力表呈真空，干燥过滤器外壳有热度，据此可判断毛细管堵塞。

(3) 故障排除

1）根据检修经验，日本电冰箱经常发生毛细管堵塞，决定用抽吸法排除故障。用工艺管接修理双表阀与真空泵，启动真空泵，边抽空边用电吹风对毛细管外露部分进行加热，温度达 50～60℃，使毛细管内杂质变软，逐渐被抽吸而排除。在操作过程中，抽真空时间通常要 0.5 h 左右。

2）抽真空后关修理双表阀，拆卸真空泵，在修理双表阀上接制冷剂钢瓶，排除连接管空气后，向制冷系统充灌制冷剂至 0.2～0.3 MPa。

3）经试运转，电冰箱工作正常。

这台电冰箱使用 3 年后，又出现类似故障，用同样方法排除故障，电冰箱可继续使用。

[检修实例 2] 毛细管严重堵塞，电冰箱不制冷。

(1) 故障现象。某台雪花牌 LBJ2-6 型单门电冰箱的压缩机能启动、运行，但不制冷，冷凝器不热，蒸发器没有流水声。

(2) 故障原因。这台电冰箱经多年使用已不制冷，怀疑是制冷系统漏或压缩机效率下降引起。割断压缩机工艺管，有气流喷出，但气量少，怀疑有微漏。在工艺管接修理双表阀和制冷剂钢瓶，充注制冷剂约 0.2 MPa。关钢瓶阀与修理双表阀，启动压缩机后，修理双表阀的真空压力表真空度接近 0.1 MPa。这说明压缩机性能尚好，但毛细管严重堵塞，使得割断工艺管只有少量气流喷出，而大量制冷剂被堵在阻塞点与压缩机排气管之间的空间。

(3) 故障排除

1) 毛细管单独吹除或更换毛细管。毛细管单独吹除时，把毛细管与蒸发器和干燥过滤器的焊缝烤化，脱开连接处，将其与制冷系统单独脱离。如可能在毛细挂管堵塞位置用火焰加热，把堵塞在毛细管的脏物熔化，而后用氮气 0.6 MPa 对毛细管单独吹除。

2) 退火后的毛细管在管壁内侧产生氧化皮，因此吹通后要进行清洗。清洗时把毛细管焊在 $\phi 6$ mm×1 mm 的清洁紫铜管上，用汽油或四氯化碳等清洗剂冲洗。

3) 清洗后的毛细管必须抽空、干燥。再次进行吹压试验合格后，焊到制冷剂系统上。

4) 制冷系统经检漏、抽真空、充注制冷剂。电冰箱恢复正常工作。

(4) 注意事项

如果更换毛细管，其尺寸应与原来毛细管相同。若受材料限制而改变尺寸，需测定毛细管性能。测定时，毛细管出口先不与蒸发器入口焊接，毛细管入口与新的干燥过滤器出口焊接。若高压修理双表阀上压力表压力超过 $1\sim1.2$ MPa，说明新的毛细管阻力太大，可截去一段毛细管，边截边试验压力值，直到合适为止；若压力低于 $1\sim1.2$ MPa，说明毛细管不够长，应重换一根，并重新测定，直至合格为止。

另一种测定毛细管性能的方法是将其焊到制冷系统，在压缩机工艺管接修理双表阀，并关修理双表阀，这时制冷系统内压力等于外界大气压力。启动压缩机后，工艺管上修理双表阀真空压力表真空度达 $74.65\sim75.98$ kPa 为合格。

[检修实例 3] 毛细管严重冰堵，电冰箱制冷、不制冷交替出现

(1) 故障现象。某台正在检修的都乐牌 170 L 双门电冰箱，充注制冷剂后，启动压缩机试运行，开始时蒸发器结霜正常，压缩机排气管与冷凝器都发热，有连续的气流声，箱温也能降下来。后来气流声逐渐变得断断续续，经过 20 多 min 后，蒸发器霜层融化，压缩机排气管与冷凝器都不热，箱温回升，以致不制冷，气流声消失。经一段时间运行后，电冰箱又恢复正常工作，这种现象反复出现。

(2) 故障原因。电冰箱制冷与不制冷按一定时间间隔反复出现，这是电冰箱毛细管发生冰堵的特殊现象。检查毛细管出口段，有一处有冰珠出现，此处内侧为冰堵处，用加热法使冰珠融化，毛细管内侧冰也会融化，故障会暂时清除。制冷系统制冷剂和冷冻油含有水分，制冷系统在检修过程中，侵入较多水分，制冷系统中干燥过滤器的干燥剂失效等，使制冷剂系统中水分过量而呈游离状态，随制冷剂在制冷系统中循环，在毛细管温度低于 0℃ 的出口处，水分逐渐结冰，由小变大，导致毛细管堵塞。冰堵后制冷系统中的制冷剂不能循环，使制冷系统呈低真空，不制冷。由于不制冷，使毛细管温度慢慢回升，冰堵处的冰晶逐渐融化，制冷系统又恢复制冷。如此反复出现，使制冷与不制冷间隔进行，水分越多，间隔时间越短。

(3) 故障排除。电冰箱毛细管发生冰渡堵,可用下列方法排除:

1) 排气法。此法最简单,即用制冷剂蒸气驱赶水分。

①先割断压缩机工艺管,放出制冷剂。

②用工艺管连接修理双表阀,阀口接制冷剂钢瓶,重新灌制冷剂至 0.2~0.3 MPa。

③启动压缩机运转 5~10 min,停机,稳压 10 min 左右,旋下工艺管与修理双表阀连接螺母,放气,系统中水分随制冷剂一起放出。

④重复上述操作 2、3 次,轻微冰堵即可排除。

2) 制冷系统重新抽真空、干燥割断压缩机工艺管,放出制冷系统中起化学反应、生成带水沉积物,使毛细管不被冰堵。

市场上曾供应进口的"THAWZONE"防冻剂和"FLO"脱水剂,国内检修人员常用甲醇防止电冰箱出现冰堵。甲醇的冰点很低,电冰箱中加入 2~4 mL 甲醇,可把甲醇与水混合物的冰点降到-40~-50℃,毛细管就不会冰堵。但甲醇腐蚀性很强,会腐蚀金属与焊缝,会腐蚀金属与焊缝,还会损坏电动机绕组的绝缘层。因此,加甲醇不如把制冷系统重新抽真空、干燥。这台电冰箱在充注制冷剂后,在试运转中发现冰堵故障,于是放出制冷剂,对制冷系统重新抽真空、干燥,排除冰堵故障,电冰箱恢复正常工作。

**五、干燥过滤器故障检修实例**

[检修实例 1] 干燥过滤器严重堵塞,电冰箱不制冷。

(1) 故障现象。某台东芝 GR185 型电冰箱使用两年多后,突然不制冷,压缩机排气管、冷凝器、干燥过滤器都不热,蒸发器也没有流水声。

(2) 故障原因。根据上述现象,检修人员初步判断为制冷剂泄漏,但割断压缩机工艺管有气流喷出,说明误判。在工艺管接上修理双表阀,并在阀口接制冷剂钢瓶,充灌制冷剂至 0.2~

0.3 MPa，关钢瓶与修理双表阀，启动压缩机，修理双表阀上真空压力表呈真空，停机后表压几乎不回升，说明是堵塞。为了判断是干燥过滤器堵塞还是毛细管堵塞，再充注一些制冷剂，使真空压力表回升至 0.2～0.3 MPa，关钢瓶阀与修理双表阀。割断干燥过滤器与毛细管焊缝接头，干燥过滤器出口端没有气流喷出，而毛细管入口端有气流喷出，说明干燥过滤器完全堵塞。

(3) 故障排除。更换干燥过滤器，然后按上例方法处理，电冰箱恢复正常工作。

[检修实例 2] 电冰箱长期停用后，造成干燥过滤器堵塞而不制冷。

(1) 故障现象。很多用户在冬天停用电冰箱，到了春季启用电冰箱时，发现冰箱降不到原来温度，压缩机开机时间延长，干燥过滤器外壳发凉。

(2) 故障原因。检修人员根据经验认为，电冰箱在正常使用时，干燥过滤器的过滤网受到制冷剂的冲刷，使其保持洁净。而电冰箱长期停用后，制冷系统中的残余水分会使铜丝网锈蚀。制冷剂蒸气、制冷系统杂质及压缩机运转时产生的高温、高压冷冻油部分汽化，这些物质在电冰箱停用时会黏附、凝结在滤网上，使干燥过滤器堵塞。

(3) 故障排除

1) 用 200～300 W 电烙铁加热干燥过滤器网部位，加热 1～2 h，当干燥过滤器烫得不能用摸手时，移去电烙铁。

2) 立即启动压缩机，用一块方木垫在干燥过滤器下面。并用木锤轻轻敲打干燥过滤器，以促干燥器畅通。

3) 若故障仍不能排除，应更换干燥过滤器。

**六、电冰箱电动机故障检修实例**

[检修实例 1] 压缩机电动机绕组烧毁，压缩机不启动。

(1) 故障现象。某台风华牌 BCD-150 型的电冰箱使用两年后，发现冷冻室不结冰。仔细观察，压缩机运转 2～3 min 后停机，过 2～3 min 又开机，压缩机启动频繁，而且启、停机时过载保护器有响声。

(2) 故障原因。压缩机启、停过载保护器有响声，表明启动频繁是过载保护器动作引起的，据此初步判断是电气系统或压缩机机械故障。压缩机开机时，用电流表测量输入电流为 1.8 A（略有过流），使压缩机开机一段时间后过载保护器动作而停机，过载保护器双金属片复位后又开机，引起启动频繁。用万用表测定电动机启动绕组、运行绕组的阻值均为 32.8 Ω，运行绕组阻值偏小，判断为绕组匝间短路。拆卸压缩机，剖开机壳，取出汽缸、活塞等零部件，通电让电动机运转时仍有过流现象，可见故障出在电动机上。对绕组进行详细检查，发现绕组有数匝漆包线脱漆相碰触，造成短路引起故障。

(3) 故障排除
1) 绕组拆线重绕。
2) 电动机修复后，压缩机注入制冷系统。
3) 检漏、抽真空、充灌制冷剂，电冰箱恢复正常工作。

［检修实例 2］ 压缩机电动机绕组轻微短路，使运行电流升高。

(1) 故障现象。某台容声牌 BYD-165A 型的电冰箱在检修时，充注制冷剂前运行电流正常，充注制冷剂后运行电流突然升高，达到 2 A 左右，电冰箱出现不正常现象。

(2) 故障原因。运行电流升高，怀疑是制冷剂过量，于是割断压缩机工艺管，放掉部分制冷剂，虽然运行电流略有降低，仍达到 2 A。又怀疑排气管焊堵，但排气管无剧热，压缩机启动后修理双表阀真空压力表可达 0.06 MPa，无堵塞迹象。检查电路正常，箱体无漏电。据此，最后判断是压缩机故障，拆下机壳上接线罩盖，测量电动机运行绕组、启动绕组的电阻值分别为 12.32 Ω、40 Ω，说明运行绕组有轻微短路。在电冰箱空载运行时，电流也还正常。当充注制冷剂后，由于电动机的运行负荷增大，电动机绕组轻微的短路就会使运行电流增大。拆卸压缩机，剖开机壳，取出电动机定子。拆线包时发现运行绕组一匝内圈漆包线有轻微脱漆，造成绕组短路。

(3) 故障排除

1) 电动机绕组重绕、组装后，试运转，压缩机封壳、检漏。

2) 把修复后的压缩机装回制冷系统。

3) 对制冷系统检漏、抽真空、充注制冷剂，电冰箱恢复正常工作。

[检修实例 3]　压缩机电动机绕组接线卡子都松脱，压缩机不运转。

(1) 故障现象。某台香雪海牌 BCD-162 型双门直冷式电冰箱，通电后压缩机不运转，用万用表电阻挡测量其机壳外 3 个电动机绕组接线头，3 对接线头阻值都是无穷大。

(2) 故障原因。根据万用表测量结果，可初步判断压缩机电动机运转绕组和启动绕组都断路。把压缩机从制冷系统上拆下，剖开机壳，发现两个绕组的接线头卡子都松脱，掉了下来。用万用表电阻挡从接线头卡子测量两个绕组阻值分别为 16 Ω 与 36 Ω，正常，既没有烧断，也没有焦糊现象。这可能是由于安装绕组接线头卡子时没有夹紧，加上压缩机振动，导致卡子掉下来。

(3) 故障排除

1) 把绕组接线头卡子重新固定在机壳内侧的接线柱上，并夹紧。

2) 接通电源后，压缩机能正常运转。

3) 把检修后的压缩机装回制冷系统。

4) 对制冷系统检漏、抽真空、充灌制冷剂，电冰箱恢复正常使用。

(4) 注意事项。一般情况下，压缩机电动机的运行绕组与启动绕组不会同时烧断，一个绕组烧坏，另有一个绕组还会是完好的。因此，除非机壳内绕组接线头卡子都脱落，否则测量机壳外3对接线头的电阻值不会都是无穷大。

[**检修实例 4**] 压缩机电动机定子、转子间间隙偏差，使压缩机不启动。

(1) 故障现象。某台风华 BCD-150 型电冰箱使用 3 年后，接通电源，压缩机"嗡嗡"响，不启动，几秒钟后"咔嗒"一声，"嗡嗡"声即刻消失。3 min 压缩机又"嗡嗡"响，接着又是"咔嗒"一声。如此反复，电冰箱无法使用。

(2) 故障原因。上述现象是过电流引起过载保护器周期性跳开。检查电源电压、启动继电器、过载保护器均正常，测量机壳上 3 个接线头间电阻分别为 16 Ω、32 Ω、48 Ω，绕组对地电阻达 3 MΩ，电动机绕组正常。据此，初步判断是压缩机机械故障造成过电流。割断工艺管、拆卸压缩机，剖开机壳，检查各运动部件有否卡缸、抱轴，未发现异常现象。但用塞尺测量电动机定子、转子间隙时，发现前、后、左、右间隙分别 0.06 mm、0.10 mm、0.16 mm、0.26 mm，可见定子、转子间隙不均匀，出现偏差，造成压缩机不能启动。按规定，定子、转子各点间隙偏差不应大于±0.05 mm。定子、转子间隙不均匀，会产生单边磁拉力，在电动机启动时阻止转子运动，当其作用超过电动机启动力矩时，电动机便无法启动，而发出"嗡嗡"响。

(3) 故障排除

1) 电动机定子、转子间隙不均，检查曲轴与主轴承间隙，测量结果为 0.025 mm，正常。因此，可怀疑该故障是由压缩机的电动机定子、转间歇不均，运转时振动引起的。

2) 对定子、转子重新装配，并在定子、转子前、后、左、右间隙分别插入 0.2 mm 塞尺 4 片，然后拧紧定子与机壳的固定螺钉，边拧边注意其配合间隙。

3) 拧紧螺钉后，拔出塞尺，转子旋转灵活、自如。压缩机其他部件装配后试运转，测定空载运行电流为 0.5 A。

4) 封壳、检漏,把压缩机装回电冰箱。

5) 对制冷系统检漏、抽真空、充注制冷剂,电冰箱正常使用。

[**检修实例 5**] 启动电容器损坏,引起压缩机不启动。

(1) 故障现象。某台琴岛—利渤海尔 BCD-220 型电冰箱接通电源,压缩机不启动,只发出"嗡嗡"的响声。急忙切断电源停机,用万用表检查电动机没有发现不正常现象。

(2) 故障原因。较大型的电冰箱多使用电容器启动单相异步电动机,在电动机本身无故障的情况下,通电不启动或无法正常转入运行,多为启动电容器故障。凭经验先拆下压缩机近旁的启动电容器,充分放电后,用万用表电阻挡,两支表笔分别与电容器两个接线接触,测其电阻为零,表明电容器短路,这就是故障所在。

(3) 故障排除。启动电容器发生故障,不但电动机无法启动,还有烧坏电动机的危险。电容器损坏应更换电容器,新的电容器的电容量、额定电压等应与原电容器一样,并注意不得使用超过期限的电容器。把新的启动电容器串接到电路上,压缩机能正常启动、运行,电冰箱恢复正常工作。

[**检修实例 6**] 压缩机电动机接线柱、接线端子的更换。

(1) 故障现象。压缩机机壳上有接线端子,其上有 3 个接线柱都损坏了。

(2) 故障原因:由于自然老化,或者频繁启动产生温升以及外力作用损坏。

(3) 故障排除:应先把压缩机从电冰箱上拆下,然后剖开机壳,取出有关零部件。再用如下方法更换:如果要更换单个接线柱,可用 300 W 电烙铁先将接线柱周围的锡熔掉,再用钳子拔下接线柱,然后把新的接线柱用细砂磨光亮后,再插入孔中,用锡焊住即可。焊锡宜用带焊剂的锡条,以免接线柱受腐蚀。

更换接线端子时:

1) 先用气焊枪从机壳上将接线端子周围烘烤一下。

2) 然后取下接线端子,再将同型号的接线端子插入机壳。

3) 用 300 W 电烙铁焊好,锡焊应牢固、平整,不得有孔隙,以免泄漏。

4) 用乙醇擦净焊缝与接线柱四周,并用兆欧表测量各接头对机壳的电阻,在 2 MΩ 以上为合格。

[检修实例 7] 无霜电冰箱风扇电动机超热熔丝管烧断,引起冷冻室不制冷。

(1) 故障现象。某台万宝牌 BYD-155 型无霜电冰箱在使用过程中,当房间电灯亮度突然下降后,听不到风扇的运转声,第二天打开冷冻室箱门,发现箱内不结霜,而制冷系统只凝露。

(2) 故障原因。无霜电冰箱箱内不结霜只凝露,多为制冷系统能正常工作,但风扇不转动引起。打开冰箱门,手按门开关,风扇不转。拔下电源插头,用螺钉旋具旋下电冰箱背后中上部盖板的自攻螺钉,拿下盖板即可看到风扇电动机。用万用表电阻挡测量电动机两端接线头,电阻为无穷大,说明接线头之间断路。接线头之间串联着电动机定子绕组和超热熔丝管,说明它们中之一断路了。于是旋下风扇电动机固定架上的螺钉,从冷冻系统中拔出扇叶,即可从箱背取出电动机。再用万用表分别测量电动机绕组两端和超热熔丝管两端的电阻,绕组电阻为 320 Ω 左右,熔丝管电阻无穷大,说明风扇不转是由于电压降低,使熔丝管烧毁引起的。

(3) 故障排除

1) 剥开电动机绕组绝缘纸,即可看到超热熔丝管。

2) 用 30 W 左右电烙铁熔化熔丝管两端接头焊锡,取下损坏的熔丝管,把同型号、同规格的新的熔丝管按原来接线位置用锡焊焊牢,用原来绝缘纸重新把绕组和熔丝管包扎好。

3) 把电动机装在固定架上,接好线,再在冷冻室把扇叶套入电机轴,接上电源,风扇能转动。

4）固定好箱背盖板，电冰箱即可使用。

万宝牌 BYD-155 型无霜电冰箱风扇电动机超热熔丝规格为 250 V、10 A，保护温度 142℃。若没有同型号、规格的熔丝管，应急的办法是找一个 220 V、3 A 的电视机熔断器，两端焊上锡，代替原熔丝管也可。

若一时找不到熔断器，也可用细导线临时接通，暂时使用电冰箱，并尽快接上熔丝管。

### 七、温控器故障检修实例

[检修实例 1] 温控器接线柱卡子脱落，造成压缩机不启动。

（1）故障现象。某台白雪牌 BCD-168 型电冰箱接上电源，压缩机不启动。

（2）故障原因。检查压缩机不启动原因，应先打开冷藏室箱门，照明灯亮，表明电源无故障，问题可能出在电气系统上。查看温控器温度调节旋钮，指在"3"，怀疑温控器机构不灵活，使触头处于断开状态。于是顺时针、反时针连续旋转温度调节旋钮 2～3 次，压缩机仍不启动。拔下电源插头，拆下压缩机机壳上接线罩盖，用万用表电阻挡检查温控器两端接线头（1）与（2），发现断路。拆下冷藏室中温控器接线盒，发现一个接线卡子脱落，没有接到温控器接线柱上。

（3）故障排除
1）把没有接上的接线卡子插到温控器线柱上。
2）固定好接线盒。
3）装上机壳的接线罩盖。
4）通电后，压缩机启动、运行正常。

[检修实例 2] 温控器感温管离开蒸发器表面，引起不停机。

（1）故障现象。某台水仙花牌 BC-110 型双门直冷式电冰箱，压缩机运转不停，用温度计测量箱温正常。

(2) 故障原因。打开箱门，仔细观察，发现冷藏室温控器感温管脱离蒸发器表面而悬在空间。一般情况下，压力式温控器的感温管是紧贴在蒸发器表面，以感应蒸发器表面的温度来控制压缩机的启、停。如果感温管离开蒸发器表面，感温管感受箱内温度，而箱温比蒸发器表面温度高，即使箱温降到规定温度，感温管所感受的仍比紧贴在蒸发器表面时高，温控器的动、静触点不能断开，致使压缩机运转不停。

(3) 故障排除。按原来位置固定好感温管，冰箱恢复正常工作。

[检修实例3] 温控器感温管不灵敏，引起不停机。

(1) 故障现象。某台白云牌 BCD-168 型和某台水仙花牌 BC-110 型电冰箱使用一段时间后，正常制冷，但不停机。

(2) 故障原因。根据现场观察，除不停机外，没有发现其他故障现象，初步判断是温控器有故障。经检查，温控器基本正常，于是怀疑感温管不灵敏。

(3) 故障排除

1) 决定先拔掉感温管的塑料套，再把感温管按原来位置固定好，看看压缩机能否停机。

2) 如果仍不停机，应调节温度范围调节螺钉。该两台冰箱把感温管的塑料套拔掉后，即可自动开机、停机，达到排除故障的目的。拔掉感温管的塑料套之所以能排除不停机故障，是因为感温管直接与蒸发器表面接触，感受更低的温度，因而使温控器动作，动、静触点断开而停机。

(4) 注意事项

1) 温控器感温管的塑料套作用是避免感温管与蒸发器表面直接接触，以防发生漏电故障。因此，感温管的塑料管拔掉后，应注意检查电冰箱是否漏电。

2) 通过[检修实例2]可以看出，温控器感温管与蒸发器之间的塑料套厚度会影响其调节性能。如果在感温管与蒸发器的接触面上垫一个一定厚度的塑料薄片,增大蒸发器表面与感温管之间的热阻,即可减少压缩机每小时的启、停次数。

3) 有的电冰箱温控器感温管绕成螺旋弹簧状,利用箱内的温差来控制压缩机启、停。由于箱内温度变化很小,感温管内对应的压力变化也很小,不足以使动、静触点断开或闭合。为此,在螺旋状感温管加一个电加热器,当触点断开停机后,加热器开始加热感温管,因而此箱内温度变化虽小,感温管的温度变化可达 6℃以上。其对应的压力变化可使触点闭合,压缩机运转,以此来控制箱温。所以,当电加热器失效后,电冰箱压缩机可能运转不停。

[检修实例 4] 温控器感温管变位,引起电冰箱工作不正常。

(1) 故障现象。某台水仙花牌 BC-110 型电冰箱,接上电源后运转正常,蒸发器均匀结霜,0.5 h 后停机。压缩机只停 2 min 又启动,这时室内电源 2 A 熔丝烧断。把熔断的熔丝换上后约经过 15 min,电冰箱重新接上电源,又能正常制冷,运行不到 0.5 h 后又停机,压缩机又停 2 min 再启动,一启动电源熔丝又烧断,以致电冰箱无法正常使用。

(2) 故障原因。使用毛细管作节流元件的制冷系统,停机后要经 3~5 min 制冷系统高、低压压力才能平衡,压力平衡后压缩机才能正常启动。如果停机时间少于 3~5 min 就启动,则因压力尚为平衡,启动力矩大,会引起过电流,导致电源熔丝烧断,甚至电动机绕组烧毁。这台电冰箱压缩机第一次启动时都能正常工作,停机后再启动电源熔丝就烧断,这是因为停机时间太短引起的。

经检查,温控器感温管固定在蒸发器表面上的螺钉松脱,使感温管与蒸发器表面接触变位,接触长度变短,因此停机时间缩短。

(3) 故障排除。把温控器的感温管按原来的位置与长度固定在蒸发器表面上。压缩机停机时间延长,电冰箱正常使用。

## 八、电冰箱启动与保护装置故障检修实例

[检修实例1] 整体式启动继电器卧置安装,使压缩机不能启动。

(1) 故障现象。某台雪花牌 BJ2-4 型电冰箱电气控制系统检修后通电试机,压缩机不启动。打开箱门照明灯亮,用验电笔检查电路各接点均正常。

(2) 故障原因。该电冰箱使用整体式启动继电器。经检查发现,由于整体式启动继电器卧置安装引起故障。卧置启动继电器的常开触点不易被吸动,仅运行绕组通电,过流引起过载保护器动作,因而压缩机不能启动。

(3) 故障排除。断电后,把整体式启动继电器由卧置改为直立安装。通电时压缩机能启动、运行,电冰箱工作正常。

[检修实例2] 无霜电冰箱 PTC 启动继电器损坏,造成压缩机电动机绕组烧毁。

(1) 故障现象。某台日本松下 NR-155TAH 型无霜电冰箱使用 PTC 启动继电器,通电后打开箱门,照明灯亮,关箱门可以听到箱内风扇"呼呼呼"的运转声,手摸压缩机机壳,没有轻微振动,机壳和冷凝器都不热,冰箱不制冷。

(2) 故障原因。按故障现象分析,电源正常。压缩机不能启动,由无霜电冰箱电气控制系统特点可以初步判断是启动继电器、过载保护器或压缩机电动机的故障。拆下压缩机机壳上的接线罩盖,用万用表检测电动机绕组有一组断路,过载保护器导通,PTC 启动继电器也断路。检测结果表明,由于 PTC 启动继电器损坏,启动过电流,过载保护器触点跳开,由于没有及时发现,长时间出现过载保护器周期性跳开,导致电动机绕组烧断。

(3) 故障排除

1) 拆卸压缩机,剖开机壳。

2) 取出电动机定子，拆线包，重新绕线，组装后试机运转，封壳。

3) 试压检漏合格后，压缩机重新装回制冷系统。

4) 更换 PTC 启动继电器。

5) 对制冷系统检漏、抽真空、充灌制冷剂，电冰箱恢复正常工作。

## 九、电冰箱融霜控制装置故障检修实例

[检修实例1] 无霜电冰箱融霜定时器触点接触不良，使压缩机不启动。

(1) 故障现象。某台日本松下 NR-177R 型无霜电冰箱打开冷藏室箱门，箱内照明灯亮，但压缩机不能启动运行。

(2) 故障原因。开箱门灯亮，说明电源供电正常。打开冷冻室箱门，用手按门开关，风扇也不转。温控器温度调节旋钮处于"正常"位置，可见故障出在电气系统上。根据无霜电冰箱电路特点，可先检查温控器。为此，拆下箱内温控器外罩，用万电表电阻挡检测温控器两接线柱导通，检测结果说明温控器良好。然后，用万用表电阻挡检测电冰箱背后左侧内壁融霜时器上 4 个接线柱是否导通，发现温控器和融霜定时器的接线端子与压缩机电机、风扇电动机和融霜定时器的接线端子之间断路，由此引起压缩机、风扇不能启动、运行。

(3) 故障排除

1) 松下无霜电冰箱所用的融霜定时器为整体式的，无法拆开检修。故障可能是由于融霜定时器内的触点接触不良引起，所以，用力顺时针旋转定时器黑色隐蔽旋钮，听到"咔"的一声，用万用表电阻挡重新检测断路的两接线端子，发现已导通。

2) 接上电源后压缩机能启动、运行，电冰箱恢复正常工作。

但故障排除后，应将旋钮拨回原位，以维持融霜时间不变。如果采用上述方法，故障仍不能排除，则应换上同型号、同规格

的融霜定时器。

[检修实例2] 无霜电冰箱融霜期间不制冷并非故障。

(1) 故障现象：有一用户反映，无霜电冰箱打开箱门灯会亮，但压缩机不工作，也听不到风扇的运转声，电冰箱不制冷。

(2) 故障原因：检修人员认为门灯亮，说明电源能正常供电。但电冰箱在融霜期间，融霜定时器切断压缩机电动机和风扇电动机电路，接通融霜加热可能正是融霜期间的状态。

(3) 故障排除：先打开箱门一段时间，在箱内放一只酒精温度计，等箱内温度达14℃左右时关箱门，约10 min左右，压缩机启动，听到风扇运转声，过半个小时箱内已很冷，说明电冰箱能正常工作，并无故障。打开箱门是为了加快蒸发器回温速度，缩短融霜过程。

### 十、电冰箱漏电检修实例

[检修实例1] 电动机绕组受潮，使压缩机漏电。

(1) 故障现象。某台雪花牌100升单门电冰箱，制冷效果良好，电冰箱能使用，但箱体带电，有麻手感觉。

(2) 故障原因。为了检查箱体带电的原因，把电冰箱插头从插座上拔下，用万用表低阻挡测量压缩机电动机启动绕组和运行绕组阻值及其与机壳间的绝缘电阻值。测量结果，绕组阻值正常，但绕阻与机壳间的绝缘电阻值较小，说明绕阻没有烧毁，但漏电，可能是由于绕组严重受潮，绝缘性能下降，导致与机壳相通所致。

(3) 故障排除

1) 割断压缩机工艺管，倒出制冷剂，把压缩机从制冷系统上拆下来进行烘干处理，烘干温度120℃，时间24 h。

2) 烘干后，用万用表高阻挡或兆欧表再次测量绕阻与机壳间的绝缘电阻，其值应不低于2 MΩ。

3) 把压缩机装回制冷系统。对制冷系统进行检漏、抽真空、充灌制冷剂。电冰箱工作正常，箱体不再带电。

[检修实例2] 电冰箱没有接好地线，造成漏电。

(1) 故障现象。某台万宝牌 BYD-158 型电冰箱在接触箱体时有麻手的感觉，用验电笔接触箱体金属外壳和管道时，验电笔发亮。

(2) 故障原因。用兆欧表测得压缩机电动机绕组与机壳之间的绝缘电阻大于 $2\ M\Omega$，说明电路部分与箱体金件间的绝缘正常。将电源插头里的相线和零线对调，仍不能排除漏电故障。检查电源插座内的地线时，发现地线弹片松动，致使电冰箱的金属壳体没有真正接地。

(3) 故障排除。修复电源插座内的弹片，漏电现象排除，电冰箱工作正常。

(4) 注意事项。本实例说明电冰箱安装地线的重要性。地线将电冰箱的"外壳"和"大地"连接起来，市电环路中的电流由"外壳"经地线流到"大地"，人体得到保护，即"接地保护"。有的电冰箱没有地线接线柱，可自行安装。安装地线时，用一根直径大于 $\phi 3\ mm$ 的绝缘导线，把电冰箱的地线接线柱与接地体连接起来就可以了。有的电冰箱的地线是借助三芯电源插座来连接的，电冰箱生产厂已经用导线把电冰箱不应带电的部分与三芯电源插头的地线芯线连接好了，用户只要用导线把电源插座上的地线芯线与接地体连接起来即可。

### 十一、电冰箱箱体的拆装与调整实例

[检修实例1] 电冰箱箱内积水。

(1) 故障现象。某台白云牌 BCD-168 型双门直冷式电冰箱制冷效果好，能正常使用。但箱内积水，打开冷藏室箱门，有水流出。

(2) 故障原因。冷藏室蒸发器接水盘与排水管连接处结冰，以致蒸发器融霜水不能经排水管流出箱外，而积在接水盘内，积满后又溢流到箱内。严重时积水经箱门下沿流到箱体地

面周围。

(3) 故障排除

1) 电冰箱断电,暂时停止使用,待冷藏室温度升高。

2) 结冰逐渐融化后,用布吸干接水盘和箱内积水,电冰箱即可恢复使用。

(4) 注意事项。如果蒸发器接水盘与排水管连接处被污物堵塞,也会产生同样现象,这种情况下应用软铜丝疏通排水管。

[**检修实例 2**] 冷藏室蒸发器电热管松脱,电冰箱运行中发出异响。

(1) 故障现象。某台东方—齐洛瓦 BCD-190B 型电冰箱能正常使用,但经常发出"嘭"的响声。

(2) 故障原因。根据故障现象,初步判断由箱体变形引起响声。细听,声音不是来自箱外,而在箱内。打开箱门详细观察,也看不出有什么异常现象。但可以听到响声来自箱内冷藏室蒸发器后,用手摸蒸发器与箱体之间的空间,有一根管状物悬空,这是冷藏室电热融霜电热管。它本应固定在蒸发器背面,因松脱而处于悬空状态,当其通电融霜时,电热管受热膨胀,弹向箱体内壁发出响声。

(3) 故障排除

1) 把手伸到蒸发器背面,摸到松动部位。

2) 取下相应部位的塑料钉,将电热管固定牢,异常响声消除。

## 十二、电冰箱箱门密封性故障检修实例

[**检修实例 1**] 用衬垫法纠正门封胶条的变形

(1) 故障现象。某台水仙花牌 BC-110 型电冰箱可以正常使用,但冷藏室箱门门封胶条与箱体局部明显不贴合,潮湿天气时该处有凝露现象。

(2) 故障原因。电冰箱使用一段时间后,门封胶条老化,出现翘起、衬垫等变形现象,使其局部区域与箱体不密封。

(3) 故障排除。该电冰箱箱体门门封胶条变形区域较大，可用衬垫法纠正。

操作时，先确定漏光的位置和大小，以及漏光的严重程度等情况，然后将干净的泡沫塑料等弹性柔软物，按照门封胶条的漏光区域，剪成合适的长度。用手轻轻翻开衬垫漏光部分的门封胶条翻边，将剪好的衬垫物慢慢垫入门封胶条翻边与箱门之间的夹缝中。垫时注意垫平，不能垫得太厚，边垫边观察漏光情况，直至漏光刚好消失为止。

采用衬垫法修整门封胶条的密封性时，应视门封胶条变形的程度和密封性恢复的情况，决定衬垫的时间，一般至少数月，个别变形较严重的要永久衬垫下去。经过衬垫后，箱门密封性得到恢复，凝露消失。

[检修实例 2] 用加热整形法修整门封胶条的变形

(1) 故障现象。某台天泉牌 BCD-170 型双门电冰箱能正常使用，但蒸发器结霜太快，仅 2、3 天冷藏室蒸发板下部就结了一大块冰。

(2) 故障原因。电冰箱蒸发器结霜太快的原因可能是开门次数太多，或开门时间太长；箱门上门封条密封性变差，电冰箱使用过程中有大量空气侵入。经检查发现，电冰箱蒸发器结霜太快是门胶条密封不良引起的。

(3) 故障排除。该电冰箱门封胶条局部变形区域较小，决定用加热整形的办法来修复。

1) 用 600～800 W 电吹风对准门封胶条起止部位往返加热，当门封胶条温度升高变软时，停止加热。用小刀或其他扁平金属片压住门封胶条起止部位，使其与箱体紧贴，待门封胶条自然冷却后，拿开小刀，门封胶条便能与箱体紧密贴合。

2) 门封胶条密封不严也可用电吹风靠近门封胶条吹，并轻用手拉，边吹边拉，直至门封胶条密封为止。

3) 经过上述方法处理，门封胶条密封性得到改善，故障排除，电冰箱工作正常。

### 十三、制冷系统干燥与抽空、充灌制冷剂检修实例

[检修实例1] 制冷系统充灌制冷剂不足，使电冰箱工作不正常。

(1) 故障现象。某台美菱—阿里斯顿牌 BCD-185E 型电冰箱充注制冷剂达 0.08 MPa 后试运转，排气管和冷凝器热度正常，但冷凝器下部不热，蒸发器半边结霜、半边不结霜，回气管一点也不冷，且压缩机运转不停。

(2) 故障原因。观察修理双表阀真空压力表，压力降为 0.048 MPa，据此可判断是充注的制冷剂不足。电冰箱刚开机时，修理双表阀真空表压力表压力较高，随着箱温下降，其值也会降低而趋于稳定。因此，制冷剂足量时，真空压力表的 0.08 MPa 是指电冰箱正常制冷时的压力。

(3) 故障排除

1) 继续充灌制冷剂，边充灌边观察，当修理双表阀真空压力表压力为 0.08 MPa，整个蒸发器结霜，回气管冰凉。

2) 箱温降下后，压缩机在温控器控制下能自动开、停。

3) 电冰箱能正常使用后，拆下修理双表阀，压缩机工艺管封口，电冰箱交用户使用。

[检修实例2] 制冷剂充灌不足，使冷藏室温度降不下来

(1) 故障现象。某台天泉牌 BCD-170 型双门直冷式电冰箱充注制冷剂后试机运转，冷冻室蒸发器结霜均匀、结实，温度剧降，但冷藏室温度降不下来，压缩机运转不停，修理双表阀真空压力表压力为零。

(2) 故障原因。根据故障现象，可以判断故障的原因是充注制冷剂不足。因电冰箱制冷剂先进入冷冻室，再流入冷藏室，然后又回到冷冻室，故制冷剂不足时，冷冻室能制冷，冷藏室温度降不下来。

(3) 故障排除

1) 开制冷剂钢瓶阀和修理双表阀,继续充灌制冷剂。
2) 修理双表阀真空压力表压力逐渐升至 0.06 MPa。
3) 关制冷剂钢瓶阀,这时不但冷冻室蒸发器结霜,冷藏室蒸发器也结霜,箱温降下来,压缩机能自动开、停。
4) 将压缩机工艺管封口,再试机正常后交用户使用。